我们一起解决问题

翻篇

这都不算事儿

滑洋 著

人民邮电出版社

北　京

图书在版编目（CIP）数据

翻篇：这都不算事儿 / 滑洋著. -- 北京：人民邮电出版社，2025. -- ISBN 978-7-115-67626-9

Ⅰ．B84-49

中国国家版本馆 CIP 数据核字第 20250P2T35 号

内 容 提 要

有些事总是看起来很大！然而，问题有多大，其实取决于我们的认知世界有多大，毕竟"茶杯里的风暴在浴缸里不值一提"！

本书用平实的语言剖析了人们在生活中难以"翻篇"的十种常见原因，既包括个人认知局限，也包括行为模式误区，如急于摆脱痛苦却忽略了时间的作用、因不接纳现实而深陷痛苦、隐藏伤痛导致问题恶化、被过去的伤痛束缚对未来悲观预判、通过惩罚他人或自己使事情变糟、用错误的方式满足核心需求，甚至成功也会成为局限，阻碍新的发展，等等。作者针对每种误区都给出了相应的解决方法，帮助读者放大个人对世界的认知、学会等待、接纳现实、勇敢表达、自我察觉、运用意义疗法、对自己的生活负责、与负面的情绪和想法拉开距离、尝试新的自我满足方式，以及不断突破成功的局限，走向更好的生活状态。

本书适合被大小问题困扰而无法前行的人。

◆ 著　滑　洋
　　责任编辑　姜　珊
　　责任印制　彭志环

◆ 人民邮电出版社出版发行　　北京市丰台区成寿寺路 11 号
　　邮编 100164　　电子邮件 315@ptpress.com.cn
　　网址 https://www.ptpress.com.cn
　　北京捷迅佳彩印刷有限公司印刷

◆ 开本：880×1230　1/32
　　印张：7　　　　　　　　　　　　2025 年 9 月第 1 版
　　字数：150 千字　　　　　　　　2025 年 11 月北京第 2 次印刷

定　价：59.80 元

读者服务热线：（010）81055656　印装质量热线：（010）81055316
反盗版热线：（010）81055315

翻篇，是一个人必须拥有的能力

如果我问你："一个人必须拥有的能力是什么？"多数人的答案大概率会集中在学习、赚钱、人际交往这些领域。然而，多年的心理咨询经验告诉我，这些领域固然重要，但要说"必须拥有"是远远谈不上的。也许从人们对"一生"的时间感知来看，必须拥有的能力其实是"翻篇"的能力。

"我确诊了抑郁症，怎么都走不出来，该怎么办？""我和重要的朋友闹了矛盾，两个人别别扭扭好几个月了，搞得我心绪难宁，怎么办？""我和邻居发生了争执，非常害怕他会报复我，怎么办？"对于这些在痛苦中挣扎的人来说，学不学习、赚不赚钱、与不与人交往其实都是次要的，怎么走出痛苦、让事情翻篇才是最重要的。

无法翻篇的人常常被困于原地。有的人因为急于走出情绪困扰，每天茶饭不思，就想着："我的抑郁症到底怎样才能好？这样下去可不是办法，我早晚要遭到家人嫌弃，失去工作流落街头！"然后越想越抑郁。有的人试图用"闭口不言"的方式隐藏伤痛，只要不谈论小时候受过的伤害，就可以假装自己已经释然、假装事情从没有发生过。有的人进入了过度的自我保护模式，因为过去遭遇过朋友的背叛，所以再也不愿意走进关系。还有的人，非要在痛苦的关系里死缠烂打、等待他人的道歉与改变，错失了去更大的世界里寻找幸福的机会。

每个人都急于让问题翻篇，可是却因为"不得法"，无法解决问题不说，还给自己的生活制造出了更大的麻烦。而我写这本书的初衷，就是希望你在急于解决问题的焦虑中，能找到某个出口，不至于因为慌乱给自己不断制造"次生灾害"。

读完这本书，你可以通过将痛苦作为一种"体验"，找到接纳问题而非对抗问题的智慧。你将明白倾诉情感而非隐藏情感的重要性；你还会看清现在面对的人不是过去伤害过你的人，从而认识到走出过去自我保护牢笼的必要性。同时，你会想通，在一段糟糕的关系中等待对方的道歉和改变，甚至不惜通过让自己受苦的方式惩罚别人，远不及去更大的世界里找寻幸福重要。你也会意识到，生活中一些久久困扰你的问题、糟糕的坏习惯，是你自己制造出来的，是你在用一种错误的方式满足自己的核心需要，是你把一些消极的想法过于当真了，而这份意识带给你的不再是自我谴责，而是对人生油然而生的责任感。在这本书中，你既可以找到一种"时间总会让问题过去"的豁达，也可以找到一种"定义生命中的事件是磨难还是契机"的自由。

"物来则应，过去不留"是我不断追求的人生态度，不为过去的伤痛所困，不为未来的可能担忧，这就是翻篇的能力，我在这里将自己的践行心得和与来访者的工作经验分享给大家，希望与大家共同成长。

目录

第 1 章　若世界太小，事情看起来就很大 .... ✦ 001

你曾是我的全世界　005

不要等待他人的改变　007

不要等待他人的道歉　010

有时疗愈并非尊重　012

不甘心只能制造更高的沉没成本　015

有时等待一个允许，只是在回避责任　018

试着把我们茶杯里的风暴，倒进大海里　021

第 2 章　不论是惩罚别人还是自己，
**　　　　　都不会让事情变好** .... ✦ 025

正确解读愤怒的语言　029

惩罚别人还是满足自己　032

通过惩罚自己谴责别人，真的值吗　034

离开父母，却离不开"孩子气" 038

内疚是一件好事 042

第 3 章　问题，就是用错误的方式满足自己
·· ✦ 045

坚定地亮出我们渴望被爱的"底牌" 049

逃不出的"马斯洛需要层次理论" 053

不是问题不翻篇，是我们抓着问题不放手 059

理解自己，接纳他人 062

第 4 章　是磨难还是契机，你说了算
·· ✦ 069

永远别说：这是一件坏事 073

可怕的"受害者心态" 076

创造意义：积极地解决问题，就是创造意义 080

发现意义：从真正无法改变的事情中，努力发现意义 083

相信意义：不是磨难中没有契机，只是我们还没有发现 086

第 5 章　时间终会让事情过去

◆ 089

耐心等待，事情就会好起来　092

对自己的痛苦"无为"，是智慧更是勇气　095

山不转水转，事情不变意义会变　098

时间让令人担忧的未来到来，带来的是释然　100

豁达的前提，是信任　104

学会信任，这个世界就会更加爱你　107

第 6 章　闭口不言，只会让"伤口"发炎

◆ 109

不沟通，就可以假装问题不存在吗　112

你拒开沟通的大门？我也把倾诉之窗关上　116

新问题掩盖旧问题，大问题替代小问题　120

防御情感，就是掩盖问题　124

为什么说、向谁说、说什么　128

第 7 章　伤痛分不清过去、现在与未来

✦ 133

创伤不是比赛，而是影响我们现在行为模式的事件　136

伤痛为何总缠着我　139

用过去的经验指导未来，困住了随机漫步的人生　144

放弃过度的自我保护，才能不自我伤害　148

不担忧未来，才能放下过去　152

第 8 章　不接纳，毁掉一个人

✦ 155

对抗一个无处不在的敌人　158

不接纳造成次生灾害　161

不要让问题像大山一样无法改变　164

接纳问题，问题就会消失　167

如果实在接纳不了，至少不要去"祈求"　172

第9章 别太把自己的想法当回事
177

"想法"是最靠不住的东西 180

不是与"想法"辩驳，而是与"想法"拉开距离 184

不把消极想法当回事的咒语 187

现实并不残酷，而是总能疗愈人 191

打开感官，切实投入生活 196

第10章 需要翻篇的不只是苦难，还有成功
199

复制的，永远没有第一个好 203

成功不是一种结果，而是不断行动的勇气 206

成功是一个概率问题，重要的是"到场" 210

第一章

若世界太小，事情看起来就很大

你无法忘记一个人或一段经历，
你只能用更宏大的世界稀释它。

问题有多大，
其实取决于你的世界有多大。

茶杯里的风暴，
在浴缸中不值一提。

❝ 我爸妈只把我当作满足虚荣心的工具，根本不懂得尊重我！"对面的女孩声泪俱下，"我记得有一次，在国外生活的小姨回来，给我带了很多我从没吃过的零食。我在学校时一直盼着回家，结果等我放学回来，糖果却全都不见了。我问我妈东西哪里去了，我妈说有亲戚来，就送给他们家孩子了。当时我特别伤心，和我妈哭闹，结果她却说：'你小姨买这些给你还不是看我的面子，你还真以为是你的东西了？'"

这是她的第 19 次咨询了，每次她都会倾诉小时候的事情，不断谴责与控诉爸妈的"罪行"，并且哭得非常伤心。她的讲述总是能激起我的怜惜之情，她说的这个故事更是勾起了我的回忆，爸妈在我小时候未经我的同意就擅自做主把我的"心爱之物"送人时的愤怒、委屈、无力感瞬间涌上心头。

然而，我突然意识到一个问题。曾经的我也像这个女孩一样，对小时候的事情耿耿于怀。上高中的时候，还会因为想起父母对我的"伤害"而在被窝里泣不成声。可是，是从什么时候开始，我已经很少回忆起这些事情了呢？即便想起，似乎也不再伤心了。事情到底是怎么翻篇的呢？

　　我急于找到答案，这或许可以为我指明帮助她的方向。沉思良久，我终于不得不有些遗憾地承认，从耿耿于怀到释然的转变，其中的原因其实很简单——父母对我来说已经不再像原来那么重要了。

你曾是我的全世界

　　小时候，父母对于我来说等于全世界。对所有人来说几乎也都是如此。妈妈的一句批评，等于全世界都否认了我们。爸爸的一次冷漠，等于全世界都抛弃了我们。想要翻篇几乎是不可能的，因为这些人、这些事对我们来说太重要了。

　　可是当我们长大，有了同学和朋友，有了爱人和孩子，有了兴趣和事业，父母再也不是我们的全世界了。我当然还是爱他们，他们对我仍然很重要，可是对于他们说什么做什么，我已经不那么在乎了。虽然妈妈会贬低我，但我转头就和朋友聊天去了，朋友能看到我的优点。爸爸干涉我时，我可以少和他说自己的事情，专心干自己的事情去。这不是在赌气惩罚他们，而是因为我的世界已变得很大，我知道去哪里找那些我需要的爱与快乐了。

然而，为什么有的时候，明明世界很大，我们却非要待在与父母、与一些人，或与一些事的爱恨纠缠里，拒绝走出来呢？

不要等待他人的改变

"从小到大我和我爸的沟通就是这样，无论我说什么，他都能借此说明养我这件事对他来说是多么辛苦。我说班级里某某同学带了游戏机来学校，他就说这个孩子真是不懂事，父母赚钱这么不容易，为什么要买游戏机。我说这次考得不错进了前三名，他就说这还差不多，不然怎么对得起我供你读书。"对面的女孩继续说，"我现在非常害怕给他打电话，因为不知道可以说什么。上周我买了一件新衣服都不敢告诉他，生怕他说我不知节俭，没有把这钱留着给他在城里买房子孝敬他。"

"爸爸的这种说话方式让你既愤怒又内疚，是吗？你试着和他表达过吗？"我问。

"当然表达过，哎，真不想说这些，和他说过多少次，不要总是道德绑架我，给我这么大的心理负担，可是他完全不能理解自己的说话方式有什么问题。他只会说，'女儿大了，嫌弃爸爸了！我说什么都不爱听了！'我还经常把老师你的自媒体视频发给他看，就是那些讲怎么做亲子沟通、如何处理和原生家庭关系的，似乎也没什么效果。"

"你希望爸爸可以改变。"

"我当然希望他可以改变，为什么他就不能说点其他的，不要三句不离他的辛苦，为什么他偏要这么对我！他口口声声说爱我，可是我根本感觉不到。他的做法是错的！"

"他错了，我要改变他！"这是我们拒绝从小世界走向大世界，导致问题难以翻篇的第一个原因。不论从小时候的经验还是现在的沟通结果来看，父亲能为孩子做的是受他能力所限的。他可以做到起早贪黑地工作为孩子赚学费，也可以忍受与老板、同事相处中的不愉快，只为了养家糊口，可是孩子要他默默付出润物细无声，他就做不到了。或许父亲的父母就没给过他这样的爱，或许他不太会为人处世，无论什么原因，很显然的是，孩子很难从父亲这里获得想要的那种爱了。那我们为什么不换个地方去寻找自己想要的、轻松的、没有"道德绑架"的爱呢？因为我们可能会觉得："我之所以这么痛苦，都是他错了，既然是他错了，我就要留在这里改造他！我有责任让他变好呀！"

然而，对于这类问题，孩子有责任改造父母、让父母变好吗？这份责任是谁赋予孩子的呢？父母尚且无法改变自己的孩子，我们作为"小"的孩子却要去改造"大"的父母，这不仅不可能，用家庭系统排列的视角来看，还会造成系统混乱，加深每一个家庭成员的痛苦。

不要等待他人的道歉

当我们一次次尝试，最终发现了改变一个人的不可能之后，往往会退而求其次，要求对方道歉。

"我爸都快 60 岁了，要改变他的说话模式，我也知道这不太可能。但他根本没意识到这么多年他给我造成了多大的伤害。从小到大我都非常自卑，我知道我们的家庭条件一般，我也不是不懂事，什么都想要。可是我表妹家的条件还不如我家，背的却总是新书包，每天都有零花钱买雪糕。你说我家真的拿不出这个钱吗？真的不是的，我爸抽烟又喝酒，他就是要制造一种匮乏的氛围，让我懂事、懂事、再懂事！我就真的什么都不要，现在也是，我都不会向别人提要求，更不敢去满足自己，不然就有罪恶感！我总是觉得自己不配，不敢争取，生活才会过成现在这个样子！我也不求他改变、不求他补偿，我只是希望他能承认对我造成的伤害，而不是反过来指责我，说我没自信，什么都不如别人！"

这就是难以放下小世界，去大世界里寻找更好的客体的第二个原因了：在等一个道歉。"你伤害了我，你就要承认错误呀！"我们总觉得，只要对方道歉了，我们就能咽下这口气，让事情翻篇了！然而，对方道不道歉不是我们可以控制的，况且就算对方承认了错误，真的会让我们的人生有所不同吗？只要我们还在等一个道歉，就说明我们仍将自己与对方的关系看得太重要了，却将自己的幸福放在了很轻的位置上；就说明我们仍然没有搞清楚，在这段伤害已成事实的关系中，谁对谁错并不重要，重要的是我们可以与他人建立更好的新关系，让自己获得爱与幸福。

有时疗愈并非尊重

如果说前两种情况中让我们留在小世界，与一些人纠缠不休的原因是"恨"的话，那接下来要说的这两种情况，就是百分百的"爱"了。当然，"爱"和"恨"本身就是一种东西，毕竟如果我们从没爱过一个人是不可能恨他的，这我们一会儿再说。现在，还是让我们回到咨询室里。

"如果放假回家，以及给家里打电话是令你如此痛苦的事情，你为什么还要坚持这样做呢？"我问。

我的来访者显得有些困惑："难道我可以不这样做吗？这么多年，我妈妈不离婚，都是因为我。我小的时候，她怕给我造成心理阴影，我高考的时候，她怕影响我的成绩，后来她又怕单亲家庭影响我找对象。说实在的，她和我爸这么个人一起生活，真的太不容易了。他动不动就发脾气，在外面对别人点头哈腰，回家却对我和我妈耀武扬威。我记得很清楚，在我上小学的时候，有一次我妈生病了，发烧很严重，我爸下班回来发现我妈没有准备好饭菜，就大发脾气。"

"你无法离开这个家，是因为放不下你妈妈，是吗？"我问。

"或许是这样吧，我真的很希望我妈能赶快离婚，甚至有些生气她为什么不这样做。你说过这是她的人生课题，我没有必要过多干涉。可是至少，我可以多回家、多打电话，这样她还能有一个倾诉的对象，一个联盟。"

"你不是说每次妈妈和你抱怨这些的时候，你其实都觉得很烦躁吗？尤其是在你压力很大、心情也不好的时候。"

"是的，可是我总不能扔下她不管吧，她可是我妈妈。要不是为了我，她这辈子也不会一直和我爸纠缠在一起。"

很多时候，我们明知道有一个更广阔的世界在等着自己，在那里有更轻松的关系、有更美好的人生，可是我们就是无法前往。因为在过去的小世界里，住着一个我们深深爱着的"可怜人"，我们放不下她，我们要去疗愈她。

我们说在亲子关系中，过好自己的人生才是对孩子最大的祝福，就是这个原因。永远不要让自己的委曲求全成为孩子放弃走向宽广世界的阻碍，这是父母能做的正确的事。

话说回来，如果你也正被这样一个"可怜人"阻碍着让原生家庭成为过去，不让痛苦的关系翻篇，那么或许这样一个事实可以帮助你：当你为一个人鸣不平、当你认为对方生活得很惨、当你要去疗愈某个人的时候，你其实并没有打心底里真正尊重过这个人。因为你不相信他/她有过好自己人生的能力，不相信他/她能够做出他/她最好的选择。如果说这个"可怜人"的典型代表往往是母亲的话，你可能会更容易想明白这件事，对于一个给了你生命的人来说，你真的没有立场去可怜她，你能够做的是去尊重她，你需要将"母亲"的位置还给她，这不仅是对你自己的解放，更是对她之于你的伟大性的承认。

不甘心只能制造更高的沉没成本

我们之前说"恨"本来就是"爱"的一种表现形式。"我爸老了，我才不会给他养老呢！在我小时候，他只让我哥上学，不让我上。以后他老了，就让我哥养他好了！"这听起来是恨吧，但其实是因为小时候的你深深地爱着自己的父亲，可是"这个我爱的人怎么能如此偏心"，这才伤害了你，恨意才由此产生。你会愤怒于你的老板给另一个同事一个月7500元的工资，只给你7000元，于是离开，"此处不留爷自有留爷处！"你又不爱他，所以不期待他爱你。他的不公平就不会伤害到你，你也根本不会因此恨他。

爱也好恨也罢，不如说不去翻篇是一种不甘心："我这么爱你，你凭什么不爱我！而这份不甘心，常常也是导致我们停滞在一个小世界里与某个人爱恨纠缠，而不是去更广阔的世界里寻求幸福的原因。

"我爱上了一个有家的男人。我真的不是故意的，但是等我知道的时候为时已晚。我当然无法接受这样的关系，于是两个人争吵不断。我要求他要么放弃那个不幸福的家，要么和我一刀两断。后来他失去了耐心，开始对我很冷淡。我以为自己已经准备好了接受这样的结果，可是我还是放不下他，我和他有那么多美好的回忆，难道都是假的吗？就因为他有家庭？就这样，我和他分分合合，这么多年过去了，这个男人在我眼中已经没有了光芒。可是我就是无法放下这段关系，我要他爱我，不然我这么多年的爱和付出、这么多年的纠缠与痛苦到底算什么！"

因为爱没有得到回报，所以这个来访者不甘心就这样让事情翻篇，她要获得同样的爱，以弥补已经产生的成本。

从情感上我们都可以理解，可是从理智上大家应该都听说过一个词，叫作沉没成本。沉没成本，就是已经发生且不可逆转的成本，正因为其不可改变，所以我们在做决策的时候，不应该将其作为主要的决策依据，而应该专注于未来的成本和收益。比如，你开了一家餐厅，投入了 100 万元，可是因为种种原因，每个月都要亏 10 万元，这个时候如果你想着自己都投了 100 万了，还没有回报，很不甘心，决定继续经营 1 年，这只会让你亏的钱越来越多。而如果你能将其看作沉没成本，赶快停业，就能少亏损 1 年，节约出来的 120 万既可以让你进行新的尝试，还相当于弥补了已成事实的损失。

虽然沉没成本是一个经济学概念，但在关系中我们也需要懂得不可逆性。"我爱过他，却没有得到同样的爱，很不甘心。"这些付出就是沉没成本，及时止损、去更大的世界里寻找幸福，才是真正地爱自己。

有时等待一个允许，
只是在回避责任

　　除了爱与恨的纠缠，还有一个原因会让我们宁愿以事情无法翻篇为代价，固执地待在小世界里，那就是恐惧。

　　"我真的不想学现在这个专业了，既没兴趣又学不明白，屡屡挂科，我根本就没办法毕业。在我看来，研究生肄业就肄业吧，本科毕业一样可以找到工作，我为什么非要在这里浪费时间，给自己找不痛快呢？"

　　"是呀，为什么呢？"我问。

　　"还不是我爸妈不让，一说这事，我爸就大发雷霆，我妈就以泪洗面。说别任性，现在找工作多么不容易，邻居家的孩子冲动辞职，一年过去了都没找到工作，现在特别后悔。"

"爸妈这么说，你有什么感受呢？"

"我觉得他们干涉了我的生活！"他说。

"感受呢？喜悦、愤怒、悲伤、恐惧？"

"起初是愤怒，觉得自己想干什么他们都不允许。一个人的时候，我也会有恐惧，他们说得不无道理，万一我离开学校却长时间找不到工作，那可怎么办？"

这个男孩子之所以来做心理咨询，主要是被两件事困住了：第一，过度保护、控制欲很强的父母；第二，不喜欢的专业、读不下去的研究生。以至于吃了几年的抗抑郁药物，情绪问题却越来越严重。

其实这两件事，都有解决的方案。想要有界限的关系可以去更大的世界里寻找，现在学的专业让他屡屡受挫，可以去更大的世界里寻找自己擅长的事情，获得成就感。可是他

"害怕"，万一被父母说中了呢？岂不是又丢脸又要落埋怨。况且现在读书尚有父母的经济支持，进入了社会可就真的要自己养活自己了，难不成自己还要和父母要钱吗？"我真的行吗？"

因为恐惧，他痛苦地留在小世界里，以至于本来不大的事情久久不能翻篇。他与父母纠缠、不断和他们讨论辍学的想法，而不是说干就干，他其实不过是在等一个允许。一个来自父母的，"你可以摆脱我们的控制，去尝试"的允许，因为这样一个允许，仍然在某种程度上意味着"我不会犯错，我不会被埋怨，有人帮我兜底，而不用自己承担责任"的"好处"。

可是，这个"好处"的代价会不会太大了一点呢？

试着把我们茶杯里的风暴，倒进大海里

"因为爱，我要留在关系里疗愈他，等着他回报我的爱。由爱生恨，我又要留在关系里改造他、等他承认错误。"况且，彻底离开爱恨纠缠、独自承担人生的责任令人恐惧，没人愿意轻易尝试。这就是我们固执地留在小世界而不进入更大的世界，让事情翻篇的几个主要的原因了。

然而，不可否认的是，去更大的世界里寻找自己想要的东西，往往是让事情翻篇的最简单，也最行之有效的方法。虽然我在前面举的例子多涉及与父母的爱恨纠缠，但这个方法适用于生活的方方面面，只不过其应用在原生家庭的痛苦中更显而易见。

对于父爱和母爱的需要，是所有人从出生到死亡都无法割舍的，我们没法选择自己的父母，他们好也罢坏也罢，小时候的我们都只能待在家庭的小世界中，忍受痛苦、学会适应。可是当我们长大了，就有了从很多不同人身上获得"爱"的机会。"母亲总是看到我的缺点，令我痛苦，如果我非要在她这里获得认可，只会不断体验求而不得的痛苦。可是我的导师总是能够看到我的努力与天分，我从她那里获得了自己想要的被欣赏的'爱'。父亲一辈子活得窝囊，从没给过我可以依靠的安全感，如果我非要从他这里获得这些，就会不断地谴责他并为此深感无力。可是我的丈夫总会在我需要的时候挺身而出，像个超级英雄，我就在他身上获得了我想要的被保护的'爱'。"事情就是这样翻篇的，不是伤害不在了，而是我们已经从其他关系中获得了满足，能够真的因为幸福的到来而释然了。

同样，面对"我在宿舍被排挤，和另外几个人都处不好关系"的情况，我们可以寻找其他什么关系呢？班级里不是还有别的同学吗？班级里没有，不是还有同年级的小伙伴吗？我们总会在某个人那里找到自己想要的友谊。当然，前提是我们没有将与父母的那一套爱恨纠缠平移到与朋友的关系中，试图在现在的关系里弥补过去的遗憾。"我现在的工作太压抑、太没有成就感了。"那又有什么关系呢？同类型的公司不是有很多吗？我们总会遇到有同理心的老板。即使不行，不是还有那么多不同的职业可以尝试吗？只要我们没有被风险与自由、责任与幸福同在的事实吓坏。

若世界太小，事情看起来就很大。而当我们的世界大了，什么事情看起来都会变小。翻篇是一种能力，是我们站在更大的世界里，迎接山巅自由的风向我们呼啸而来的勇气。

第 N 章

不论是惩罚别人还是自己，
都不会让事情变好

"攻击性向内" 的反义词,
不是 "攻击性向外";
而是放下了与他人的爱恨纠缠,
学会将自己的幸福放在首位。

———滑洋

事情没法翻篇，很多时候不是困境过不去，而是我们的心过不去。心为什么会过不去呢？未被理解的愤怒是一个很常见的原因。

有一位男性来访者告诉我，他和妻子的婚姻出了问题，本来恩爱的两个人，现在总吵架。说起来，这种情况已经持续了两三年，他也尝试了各种方式，给老婆买礼物、参加婚姻咨询，结果都没什么用。没有人出轨、没有不可调和的大矛盾，这事情怎么就无法翻篇呢？两个人的感情怎么就好不起来了呢？

通过几次咨询，我终于发现，原来两年前这个家庭发生了一件大事，一个小宝宝出生了！妻子因为怀孕而变得非常谨慎，变得不爱外出，总是拒绝参与之前两个人都感兴趣的活动，孩子出生后，更是将很多注意力都放在了孩子身上。而且岳父岳母来照顾女儿和外孙，更让他觉得自己像个外人，除了赚钱，在这个家里可有可无。

理智上，他会告诉自己："我很爱我的孩子，我感谢我的妻子，我的岳父岳母对我们这个小家庭的帮助很大。我一个大男人，怎么能如此斤斤计较。"可是情感上，他自己都没有意识到，他的内心充满了愤怒！被忽视、被排挤，他就像一个失宠的孩子，急需一个表达自己不满的出口。很快，他找到了！通过争取，他调去了一个"重要部门"，加班使他回家的时间变得越来越晚，当然只有他自己心知肚明，即使有时候不需要加班，他也总会在单位流连很久，吃个饭、抽根烟、发个呆，直到家里人可能都睡了，才会去停车场发动自己的汽车。

"你们拒绝我、忽略我是吧！好，我还不回来了，看你们怎么办？"如果他的愤怒能开口说话，一定会是这样表达的。未被理解的愤怒需要发泄、需要报复、需要实施惩罚。惩罚家人，也惩罚自己。因为我们总是下意识地猜想：是不是惩罚了别人，愤怒就发泄出来了，一口恶气就消散了，事情就翻篇了呢？

正确解读愤怒的语言

正是由于我们总是将愤怒解读为"快去惩罚别人"的信号，才会觉得愤怒这东西很可怕。也正是因为我们觉得它可怕，才总是有意无意地否认它的存在。而越是否认，愤怒越是无法被理解与被察觉，只能通过寻求报复去宣泄。这本身就是一个恶性循环。

被忽视的男人对家人感到愤怒，并对自己的惩罚行为感到恐惧，于是无意识地否认着自己的愤怒，但问题是，愤怒可以被否认，惩罚却不会停止。他可以说："我爱我的家人，我对他们没有愤怒！"可是这并没有阻止他开始"工作繁忙，无暇顾家"。在对他人开展的持续惩罚中，愤怒作为一种情绪，其帮助我们解决问题的功能完全被遮盖，问题变得无法翻篇。

于是我们不得不去追问，如果惩罚别人不像我们直觉认为的那样，是宣泄愤怒、让事情变好的方式，那么愤怒到底想要指引我们走一条怎样的路呢？

其实愤怒这种情绪传达给我们最本质的信息是："你有一个需要没有被满足！"老板说："你要么加班，要么离职！"我们很生气，因为我们被尊重的需要没有得到满足。另一半因为孩子忽略了我们，我们很生气，因为我们被爱的需要没有被满足。买个房子却发现漏水，我们很生气，因为我们被告知真实交易信息的需要没有被满足。这个时候，如果我们消极怠工惩罚老板，将自己抽离家庭生活惩罚妻子，我们就被愤怒卡住了，事情是无法翻篇的。愤怒告诉我们："你有一个需要没有被满足！"我们却去惩罚别人，愤怒只会变得更愤怒："你到底听懂了没有呀！你有一个需要没有被满足！所以你需要做的是去满足自己的需要，这和惩罚别人到底有什么关系呢？"

丈夫为妻子更多地关注孩子、与岳父岳母形成家庭联盟却忽略了自己而愤怒，这说明丈夫有一个需要没有被满足，就是被妻子关注、拥有在小家庭里的位置。所以，此时丈夫需要做的是去满足自己的需求。不论是告诉妻子自己的感受，还是更多地参与到家庭生活中凸显自己的重要性，都是值得尝试的方法，但绝对不是通过"加班"惩罚妻子。这样做改变不了任何事，未被满足的需要仍然无法被满足。不仅无法被满足，还会让问题越来越严重。因为所谓"未被满足的需要"无非是关于爱、安全、认可，而我们想惩罚的人往往都是我们本打算从他那里获得这些东西的人，这无疑只会让我们与爱、安全、认可等需求的满足渐行渐远。

惩罚别人还是满足自己

当愤怒的感受升起，我们就面临着一个选择，满足自己还是惩罚别人？惩罚别人很容易，但不会让自己的境况有丝毫好转。满足自己听起来不错，但要在愤怒之下保持这样的思路很难。为什么会这样呢？其实，如何选择是我们的底层逻辑决定的。表面上看是满足自己还是惩罚别人的选择，本质上却是我们要为自己的生活负责，还是要别人为我们的生活负责的区别。

当我们有一个需求没有被满足的时候，会很自然地认为这是别人的错，是别人没有满足我们。我们想要被爱，可是妻子没有给我们想要的关注，这当然是她的错，所以我们要惩罚她，这不仅是为了发泄情绪，更是要告诉她："你没有满足我的需要，我需要你做点什么。"这就是一种要别人为我们的生活负责任的态度。

那为自己的生活负责任的态度是怎样的呢？"我想要被爱、被关注，这个需要没有得到满足。我不想去分辨到底是谁的错，我只想知道可以做些什么满足自己的需要。"在这个底层逻辑下，我们就很难再被愤怒驱使做出惩罚别人的决定了。

这里多说一句，自己为自己的幸福负责任的态度不等于进入"假性独立"的状态：拒绝承认自己对他人爱与认可的需要、拒绝接受别人的陪伴与支持。人是社会性动物，需要关系的滋养，没有人可以自给自足。但是我们需要从他人那里获得满足，不等于我们认为别人应该为我们的需求满足负责任。

通过惩罚自己谴责别人，真的值吗

再往深了说，是自己为自己的生活负责任并寻求满足，还是要别人为自己的生活负责并实施惩罚，往往又是一个人是否能完成与原生家庭的分化、拥有独立人格的问题。

如果说一个人在愤怒之下，想的不是满足自己的需求而是去惩罚别人，尚不能说明这个人对自己的人生何其不负责任，那么一个人因为愤怒而去惩罚自己，一定会让大家对这个问题有一个更直观的认识。

高三的时候，我们班级有一个男生，学习成绩很好但也很叛逆，因为他总会在晚自习溜出去抽烟、喝酒，所以老师要求他的家长来学校。他爸来学校的时候，一身酒气，也不知道是喝了多少。这个爸爸教训起儿子来倒是很有底气，一个耳光打得全班同学都安静了下来。高考成绩出来的那天，大家都很震惊，本来过一本线毫无问题的他，总分才 200 分，这怎么可能！报志愿的时候，我听到他在走廊里打电话，"200分怎么了？老子数学一道题都没写！你不是说我垃圾、什么都不是吗？你说对了！"

"我要用考不好来惩罚你！我要毁掉自己的人生来报复你！"这就是愤怒在说话了。糟糕的原生家庭、在全班同学面前丢脸的经历，所有这些本该随着离开家读书、岁月流逝而翻篇，可是没有，他选择了在愤怒下惩罚自己，让这些事情彻底毁了自己的人生，再无翻篇的可能。就好像这不是他自己的人生，而是父母的一样。"宁愿毁了自己，我也要让你知道你错了。"这就好像自己是否幸福根本不重要，和他人的纠缠才是人生中最重要的事情一样。这就是我们说的未完成与原生家庭的分化、未拥有独立人格的问题了。

若说这只是年少时的不懂事，事情还真不是这么简单。我第一次见到京京的时候，就被她的热情感染了。这是一个只需要交谈几句，你就会相信她有能力获得一切自己想要的东西的女孩。但是现在有一件事困住了她，她有一份自己很满意的工作，从薪酬到平台，从办公环境到客户群体，样样都不错。然而，她想辞职！为什么呢？她对此就说不清楚了，可能是觉得自己学历不够配不上这份工作，可能是担心接下来的考试无法顺利通过，理由很多，但其实都是借口。最后我们发现，她想辞职的理由只有一个，就是这份工作是父亲给她介绍的，而父亲是一个在她的成长过程中不断出轨，让她的家饱受伤害的男人。这与前面的例子有相似的逻辑，"我不在乎这份工作是否令我非常满意，是否令我幸福，我只知道我恨你，所以我不愿意做一份哪怕只是因为你而有了机会的工作，我不要按照你的安排生活，绝不让你有丝毫的称心如意。我很满意自己的工作，但我不知道为什么，非要换一个不可！"

然而，如果我们去分析一下，就会发现，这种通过惩罚自己而让他人受惩罚的方式，其背后的逻辑是多么的"未分化"。一方面，我们假定了，"我对你是极其重要的。不然伤害自己怎么会惩罚到你呢？"另一方面，我们假定了，"你对我是极其重要的，不然我为什么不惜伤害自己非要和你纠缠呢？"

　　所以，想拥有让事情翻篇的能力，拥有对自己人生负责的态度，能够在愤怒下思考自己的需要而不是实施惩罚，我们需要的是一个独立的人格，是一个已经与原生家庭分化的状态。也就是知道："我和你都是独立的个体，我对你没那么重要，所以伤害自己惩罚不到你。你对我很重要，但没有我自己重要，让自己幸福是我的首要任务，而不是惩罚你。"

离开父母，
却离不开"孩子气"

　　虽然我们说通过惩罚自己去惩罚别人，是一种与"原生家庭"未分化的状态，但其实这种模式存在于生活的方方面面，并不局限于与父母的爱恨纠缠。心理学上有个名词，叫作"移情"，就是将对一个人的情感转移到了另一个人身上。比如，我们在某个老师身上，感到了妈妈般的温暖，这就是一种移情。如果我们没有完成与原生家庭的分化，就会将对父母的情感、与父母的互动模式，平移到人际关系的方方面面。我们是怎么对父母感到愤怒并通过惩罚自己去谴责父母的，就会怎么感到愤怒并通过惩罚自己去惩罚别人。

周先生找到我是因为自己总被辞退。用他的话说，他也不知道自己这算不算被辞退，因为每次都是他主动提出的离职。他有房贷、车贷，稳定的收入对他至关重要，可是他就是做不到，总是在不停地离职、找工作，干上三个月，再次离职。当然，令我赞叹的是他总能很快找到下一份工作，让他有机会不断重复这个循环。这一次，他又"被"辞退了，同事们不友好、上司也尖酸刻薄，他有很多足够"充分"的理由。

我知道，这都不是真正的原因，于是我耐心地倾听，等待着真正的答案。他说过，在他看来自己的父亲非常"虚情假意"，没事的时候总会告诉他："爸爸是你坚强的后盾，家人就是要休戚与共。"可是每当他离职、遇到经济上的困难，他的父亲都会变得非常焦虑，不停地谴责他不该如此不懂事。他的一次次离职会和对父亲的愤怒有关系吗？

"老师，我突然想到，面试的时候，我的领导说：'小周呀，你的试用期是三个月，到时候公司才会做出最后的决定要不要你，不过你是我招进来的，你好好表现，我会帮你的。'"

“你当时是什么感受？”我问。

“我觉得恶心，觉得他虚情假意。”

“像你的父亲一样？”

他想了一会儿，小声地说了一句：“是的……”

“后来，他因为一些事对我很不满意，找我谈了几次话，说我是他招进来的人却不努力表现，这让他很丢脸。”周先生继续说。

“你验证了他的虚情假意。他说了会帮你，可是当你不合他心意的时候，他却翻脸不认人了。”

“或许是这样吧。后来我就辞职了，闹得很不愉快。”

“你惩罚了他，是吗？你认为他本想装三个月的好人，可是现在还没有两个月，你就可以让他和你撕破脸皮、原形毕露了？”

他愣了一下，然后哈哈大笑。

　　他很需要这份工作，却仍不惜以辞职为代价，去惩罚领导。从理智上讲，这实在不合理。可是当他带着对父亲的愤怒和未分化的状态进入职场的时候，他就是会将上级"移情"为虚情假意的父亲，并"孩子气"地认为每个人都是自己的父亲，可以通过惩罚自己来让他们受伤，而且这些人都值得他不顾自己的幸福去这么做。

　　只要他认识不到让自己幸福远超惩罚他人的重要性，不断辞职的问题就无法翻篇，更不要说这背后与原生家庭的爱恨纠缠了。

内疚是一件好事

　　事情无法翻篇，不是因为境况未能好转，而是我们被未曾理解的愤怒驱使，不断地惩罚着别人和自己。然而，除了愤怒，还有一种情绪也经常导致自我惩罚，从而让问题陷入僵局，那就是内疚。

　　内疚的问题与刚刚讲的愤怒直接相关。在愤怒之下，我们选择了惩罚而不是满足自己的需要、让事情翻篇，主要的原因在于一种要他人为自己的生活负责任的态度，而这种态度源于我们未能与原生家庭分化、拥有独立人格的问题。于是新的问题来了，我们为什么不能与原生家庭完成分化呢?答案往往是内疚。

与原生家庭完成分化，不再将与他人的纠缠看得比自己重要，拥有独立的人格，将自己的幸福放在首位。这听起来很美好，却意味着对父母、对关系的"抛弃"。即便父母再"虚情假意"，再"毫无底线"，他们也还是父母。我们现在长大了，却要离开，要拥有独立的人格、追求自己的幸福去了，我们不会内疚吗？不可能。

我们会谴责自己没有良心、不知感恩。总而言之，内疚的感觉让我们觉得自己坏透了。"既然我坏透了，我就需要一个惩罚来平衡这一切，消除内疚感。于是，自我惩罚开始了。"

怎么惩罚自己最合适呢？答案是让自己无能、让自己陷入困境。这种自我惩罚的方式有两个象征意义。第一，我们内疚的原因是"抛弃"原生家庭，现在我们通过让自己陷入麻烦，再次变得像小婴儿一样无能为力，我们就会难以离开。第二，我们通过让自己无能，离不开与父母的纠缠，就是在告诉他们："你们放心吧，我很忠诚。"

也就是说，我们看起来是在愤怒的情感下选择了惩罚自己而让事情无法翻篇的，但事情无法翻篇本身又具有现实的功能——缓解内疚感。换句话说，只要我们无法消除内疚的感觉，就会阻止事情翻篇，让自己深陷困境，以实施自我惩罚。

所以，关于内疚，我们可以做些什么呢？我们怎么才能让它消失，并停止对"不翻篇"的需要呢？答案是，在完成与原生家庭分化的过程中，内疚永远不会消失，但是你可以改变对内疚的看法。之前，我们总是认为内疚在告诉自己："你这个人狼心狗肺，坏透了。"但这只是我们没有读懂内疚的语言，就好像我们没有读懂愤怒的语言一样。

其实内疚在告诉我们的是："你做得很好，你终于走在了成长的路上。忍受这小小的内疚感吧，因为拥有独立的人格、为自己的生活负责、学会将自己的幸福放在首位，才是你这辈子必须完成、能够做的最正确的事情。"

第3章

问题，就是用错误的方式满足自己

当你只关注自己的行为时，
你就没有看见自己；

当你关注自己行为背后的意图时，
你就开始看见了自己；

当你关心自己的意图背面的需要
和感受时，
你才真的看见了自己。

透过内心看见自己的心灵真相，
这是你的生命和心相遇了，
爱自己就发生了，
并开始在自己身上流动，
你整个人开始和谐而平静！
这就是真爱的发生。

——维吉尼亚·萨提亚

你的生活中有一个无法解决的难题吗？一个坏习惯——拖延、暴饮暴食，或者一个症状——强迫、焦虑、抑郁，抑或是一段让你身心俱疲的人际关系。你真的花了非常多的精力、想了无数的办法，想要消除它、解决它，可就是不行。

为什么迫切地想要问题翻篇，但就是做不到呢？

我给大家讲一个故事。有一个城镇，偷窃问题泛滥，为了解决这个问题，城镇管理者想了很多办法：加大警力、对偷窃者实施更重的惩罚。可是无论如何折腾，盗窃屡禁不止。后来，有人发现，人们偷东西并非是因为道德败坏，而是因为实在太穷了，于是管理者给每家每户送去了生活必需品。盗窃的问题就这样得到了解决。

盗窃的确是一个问题，人们想方设法消除它却做不到。而实际上，想要吃饱穿暖的需要没有得到满足，才是其盗窃行为背后的真实动机。更重要的是，需要没有得到满足是问题，而吃饱穿暖的需要本身从来不是问题，看到这个人与生俱来的需要并用更好的方式去满足它，问题就会迎刃而解。

　　我们生活中无法解决的难题往往就和这个故事一样，如果我们只是治标不治本地想要消除它，问题是无法翻篇的。除非我们能看到这个问题为什么存在，发现其背后未被满足的需要，并学会用新的方法去满足它。

坚定地亮出我们渴望被爱的"底牌"

　　小林是某知名医学院的研究生，他找到我的时候看起来疲倦又紧张，很显然已经被某个严重的问题困扰很久了。

　　"我的思想被监听了！每个人都知道我心里想什么。你知道，我心里总是有很多不好的想法，别人能听到，我想要停止这些想法，但是却做不到。"

　　这的确是个棘手的问题。

　　"你说自己心里有很多不好的想法，能具体和我说说吗？"

"我会在心里说：你去死吧！有的时候还会有一些关于性的幻想，而且是很猥琐和粗暴的画面。"

他真的很想消除自己内心的"邪念"，更是在积极地通过药物治疗、心理咨询想让"别人可以听到自己的想法"这件事情翻篇。

在咨询期间我也试图给他一些解释：别人没有你想的那么"全能"，能知道你的想法。而你也没有自己想的那么"全能"，在心里说一句"你去死吧"就会伤害到别人，有一些性幻想更不等于强奸了对方。但这个解释的收效甚微。

后来有一次，他又在极度的恐惧和焦虑中向我讲述这个"该死的问题"。"我的导师是一位很好的老师，无论是在学业上还是生活上都给了我很大的帮助。有一天她邀请我去家中吃饭，她的女儿也在场。我的脑袋里不可控地开始了对她女儿的性幻想，天呀，导师完全听到了我内心的想法！她去盛汤的时候，叫走了她的女儿，这就是证据！我发誓我真的对她没有任何想法，可是我的脑袋就是不受控制！"

突然间，我好像有点听懂了。"你很害怕老师听到你脑海中的想法，因为这样会失去她对你的爱，是吗？"

他显得有些兴奋，也有些惊奇："你刚刚说什么，我在怕什么？你能再说一次吗？"

"我是说你很害怕老师听到你脑海中的想法，因为这样会让你失去她的爱是吗？"

他不再看着我，而是站起身开始踱步："是的，是的。我怕失去她的爱，你知道，我从小没了母亲，父亲嘛，也就那么回事。"

"所以，你有一个很强烈的需要，想要获得别人的爱。从而非常害怕自己的邪念会伤害到对你好的人，伤害到你们的关系是吗？既然如此，为什么不用一种更好的方式呢？"

他突然抬起头，然后开心地跳了起来。"你说什么？是呀，就是想获得别人的爱。那为什么非要用这种方式呢？换一种方法不是更好吗？"

那次之后，他再也没来找过我。

但是这段经历，让我更加深刻地意识到，不论看起来多么严重的问题，只要我们坚定"问题，就是用错误的方式满足自己"这一信念，勇敢地一次次去翻那个关于渴望被爱的"底牌"，找到我们的核心需要，并开始尝试用更好的方式自我满足，事情就会翻篇。

逃不出的"马斯洛需要层次理论"

在问题背后，会有哪些被错误满足的需要呢？马斯洛需要层次理论早已帮我们总结好了。最基本的是生理需要：食物、水、睡眠。接下来是安全需要、爱与归属的需要、被尊重被认可的需要。最后则是自我实现：充分发挥自身潜能的需要。

不论我们的底牌怎么翻，都翻不出这些需要。但是从我这么多年的咨询经验来看，一个人用错误的方式去满足安全、爱与归属、被尊重被认可这三种需要，是导致问题无法翻篇的最常见的原因。

我们先来说说安全需要。对于晓航来说，无法翻篇的是自己"暴脾气"导致的关系问题。他承认自己脾气非常差，在公司里经常和同事、上司发生冲突，以至于从没有人叫他参加过私人聚会，他处处受排挤。在家里，他粗暴地对待妻子和儿子，甚至大打出手，他为此内疚懊悔，却无法改变自己的行为模式。每个人都害怕他，但这不是他想要的，他希望自己有和谐的同事关系、温暖的亲密关系。

"脾气暴躁，无法控制"看起来是一个问题，晓航想了很多办法去解决它。"管住自己的暴脾气嘛，多简单！"可是事情没那么简单，他管不住！这个时候，我们就需要向后退一步看一看。晓航的母亲因为欠债在他 3 岁的时候离开了这个家，父亲从此酗酒，有严重的暴力行为。8 岁的时候，他只是因为顶嘴，就被父亲打得说不出话来。这种愤怒、恐惧、绝望贯穿着他的整个童年。直到 14 岁，他长成了一个健壮的少年。有一次父亲喝了酒又要对他实施暴力，他不知从哪里来的勇气，一拳打在了父亲的脸上，并对父亲大吼大叫。父亲被吓傻了，从此以后只敢在他面前嘀嘀咕咕地抱怨，再也不敢动手了。

过去的经验告诉他，想要安全不被伤害，能做的就是先发制人、以暴制暴。是暴躁的坏脾气满足了他对安全的需要。所以，我们怎么忍心说他的暴脾气是一个问题呢？同时，如果我们看不到他对安全的需要，他怎么可能放弃自我保护的盾牌——自己的暴脾气，让关系中的问题翻篇呢？

当他看到了自己的问题——暴脾气背后的核心需要是安全，他就可以开始思考，"我可以用一种怎样更好的方式去满足对于安全的需要呢？"比如，在感到他人的不友好时做几轮深呼吸，告诉自己这些人不是自己的父亲，自己不需要用暴脾气吓住他们。与之相反，平和的沟通才能拉近与他人的关系，而在相互支持的关系中真正的安全感才能建立。

问题制造机：对爱的渴求

我知道对于大多数人来说，并没有在童年遭遇暴力创伤的经历，但这不等于你没有用一种错误的方式去满足对于安全的需要。比如，你有没有这样的问题：很难表达自己、不敢对别人说心里话，并因此感到孤独、不被理解。或许这就是小时候与父母相处的经验告诉你，只要你一自我暴露，就会遭到父母的批评、纠正，这么做很不安全！如果你说："妈，我今天给了要饭的老奶奶十块钱。"你妈就会说："就你好骗，讨饭的人比咱们家还富裕呢！"如果你说："妈，我今天看到一个要饭的老奶奶，觉得她可能是个骗子，就没给她钱。"你妈又会说："做人要善良，不能太自私。"反正不论你说什么，受到的都是伤害，这个时候，为了安全你学会了隐藏自己。也就是说，你孤独、不被理解的人际关系的问题的背后，仍然是用错误的方式进行自我满足的困境。但其实，现在你可以用很多其他方式进行自我保护，满足对安全的需要了。比如，寻找那些接纳而非苛责的人进行交流，而不是自我封闭，就是一个显而易见的方法。

如果说对于安全的需要，你已经完全得到了满足，那真的很好。但恐怕在关于被爱的渴求上，你仍然在劫难逃。每个人都会在这个领域或多或少地存在着缺失，并用错误的方法寻求着自我满足，并最终制造出了无数无法翻篇的问题。

比如，我在《不去讨好任何人》中提到的讨好型人格问题。很多人一直在牺牲自己的需要来满足他人，总被无法拒绝别人的问题困扰着。每次涉及"吃什么、看什么电影、去哪里玩"的问题，这些人总是说："我都可以，听你的。"不愿因为自己的需要而无法满足别人的愿望。面对别人提出的要求，小到"你能帮我拿个快递吗？"大到"我妈生病了，你能借我 10 万块钱吗？"对这些人，你也统统无法拒绝，不然就会谴责自己不够好，害怕遭到别人的排挤与报复。

为什么说出自己的需要，如"我想吃红烧肉！我想看喜剧！"或者说出一句"很抱歉，不行"就这么难呢？

其实你在用这种方式满足自己被爱的需要。我们都知道，一个没有需求不给父母添麻烦的孩子，一个从不拒绝、顺从的孩子，总是会被夸赞"真乖"，总是更容易获得温柔而非暴力的对待。

可是时至今日，这种获得爱和归属的方式已经变成了一个问题，你想要的是被爱，可是你却从来不敢把真实的自己展示出来。别人爱的是那个顺从的、不会拒绝的你的"假我"，你就永远无法感受到别人对你真实的爱意。

我们可以用怎样一种更好的方式来自我满足呢？获得爱的方式只有牺牲自己的需要吗？唯有我们找到了新的方法，才会抛弃旧的方法，才能真正翻篇！

不是问题不翻篇，
是我们抓着问题不放手

　　在无法翻篇的"讨好型人格"问题中，我们往往又会看到对"被认可需求"的错误满足。除了被爱、拥有归属感，一个人之所以总是揣测他人的需求并主动予以满足，还有一个很大的动机，就是获得认可。"你真善良！你真是一个好人！"我们期待听到这样的评价。

　　"我都顺从你、满足你，这样你总该认可我了吧？"然而，我们只会发现，自己越是"好说话"，别人可能越是会欺负我们，而不是认可我们、尊重我们。因为人们会认可"有所成就、能帮助自己"的人，而不是"百依百顺、讨好自己"的人。

说来讽刺，我们对于被认可的需要，制造了不被认可的困境。想让这个问题翻篇，我们同样需要去问一问："我可以用一种怎样更好的方法来获得他人的认可呢？变成一个更厉害的人、能够通过自己的创造力为他人提供便利的人，而不是一个"老好人"，会不会是一个更好的方式呢？"

还有一个典型的例子，就是拖延。"拖延症"背后的原因有很多，但是有一个非常常见且重要的原因，就是渴望他人的认可及自我实现。这是什么逻辑？拖延，就是毫无行动，说得直白点就是懒惰，这怎么还能获得他人的认可，还能自我实现呢？

还真可以。我们渴望得到别人的认可，所以我们希望自己行动后的结果是成功的、完美的。可是谁都知道行动的结果大概率是不完美的。比如，我希望我的博士论文可以得到他人的认可。可是我知道，这东西写出来大概率也就是"混"过毕业，根本说不上"优秀"，更别说成为"重要学术成果"了。既然如此，我还是拖着不行动比较好，这样我被认可、自我实现的可能性就不会在现实里落空了。

　　用错误的方式满足自己被认可、自我实现的需要，造成
了无法翻篇的"拖延"问题。不是拖延症无法解决，而是如
果我们没有看到问题的形成原因，并找到更好的方式满足自
己的需要，"拖延"就是我们满足自身需要的唯一手段，我们
不能、不愿意，更不会让它被"解决"！

理解自己，接纳他人

　　问题无法翻篇，不要"死磕"问题本身，而是要退一步去看看这个问题之所以这么长时间地存在，到底是在满足自己哪一种核心需要。然后，我们可以开始尝试用更好的方式进行自我满足，这才能让问题真正消失。

　　与其说这是一种解决问题的方法，不如说这是一种理解和接纳的心态。不是我们要解决、对抗生活里的某个问题，而是我们想要理解和接纳它，好好地爱自己。

　　如果我们还能带着这样一种心态去看待他人的行为，生活中的所有关系问题也都将迎刃而解了。

我们以亲子关系来举例。莹莹，拥有近乎完美的原生家庭，有着一个人永远可以引以为傲的受教育背景，有着在大学教书的体面工作，还有着爱她的丈夫。然而，凡事都有一个"然而"，她有一个很"不成器"的儿子。用她的话说："我真的无法理解自己为什么会教出这样一个孩子。"

莹莹的儿子 14 岁，沉迷于打游戏到了无法自拔的地步，休学几乎成了唯一的选择。当然，上学也未必是一个更好的选项，因为他在学校总是和一些"坏孩子"玩耍。抽烟、逃课、违反校规。自然，在这个家里亲子关系紧张，冲突不断。

"他为什么这么不懂事？在教育的问题上，我到底做错了什么？到底要怎样才能让儿子'好起来'？网瘾戒除班也去了，好爸妈课堂也参加了，但是孩子的问题就是无法翻篇。"

其实，孩子沉迷游戏、交"坏朋友"的确是问题，但是他为什么这么做呢？因为不懂事、因为叛逆、因为家长没有教好？如果我们这样看问题，亲子关系就会不断恶化，事情就永远无法翻篇，因为这里没有理解与接纳。

唯有我们继续坚定"问题，就是用错误的方式满足自己"这个想法，久久困扰我们的问题才可能有转机。孩子为什么打游戏，因为打游戏有成就感！他只是用错误的方式去满足了这一需要罢了。或许是学校的老师过于严厉总是令他备受打击，或许他真不是学习的料，一直无法在学习上取得好名次，反正他现在能找到的最好的拥有成就感的方式就是打游戏。除非我们帮他找到一个更好的方式，不然凭什么要求他放弃自我满足！再说孩子为什么会交"坏朋友"，因为这些人让他有归属感呀！或许孩子是在学校受到了排挤，或许是一直没能交到知心朋友，反正他现在只能从"坏朋友"那里获得归属感。除非我们能帮他找到一个更有归属感的集体，否则很难让他不交"坏朋友"！

同样，这不只是一个解决孩子成长道路上难题的方法，更是对他人理解与接纳的心态。可以说，关系中所有的冲突都来自不理解。"孩子为什么沉迷于游戏？是不是和我对着干？""父亲明明就生病了，为什么还拒绝吃药？""真是有病！闺蜜被家暴，总是鼻青脸肿，怎么就离不开那个男人！

我无法和这样窝囊的人做朋友！"可是如果我们能看到这些不可理解的行为背后是关于成就感、关于自我保护、关于爱与依恋的需要，我们就没什么不能理解，更没什么可与他人冲突、争执得了，我们在人际关系中的任何问题，也就自然而然翻篇了。

"问题，就是用错误的方式满足自己"，换句话说，想让问题翻篇，就是要看到问题背后的美好需求，并用更好的方法自我满足，而这包括三个层面：态度、方法与行动。

态度，无论遇到什么问题，坚定地相信问题本身不是问题，其背后永远都有关于爱、认可等方面的需要。这本身就是理解与接纳。

我在这里也为大家介绍一个非常好用的小方法。有时候，我们需要留出 10 ~ 20 分钟的时间，专门去探索一下久久困扰自己的问题。找到一个舒服的姿势，做几轮深呼吸，然后把我们最想解决却困扰自己的问题邀请到自己的场域空间中，感觉自己正沉浸在这一问题里，然后对自己说："无论我在做什么、发生了什么，我都深信其背后有着深层而积极的意义。虽然我不能完全理解，但我想要这样做，请帮助我，请教导我。"

然后，就去踏上这段疗愈的旅程吧。继续感受自己沉浸在这一问题当中，但又带着爱、善与理解。我们在感受到这个问题的时候，用一个身体动作，将它表达出来。身体要比我们认为的有智慧得多。一个动作，非常缓慢的动作，太极一样的动作。慢慢地体会，慢慢地动，慢慢地去理解，"我到底为什么要这样做？我到底在通过所谓的问题满足怎样的核心需要呢？"

再做一次。用我们的身体去表达这个问题，但要非常缓慢，一边动一边问自己："我想要告诉自己的是什么呢？我坚信自己只是在用不合适的方式去满足一个核心的需要。"

请现在就闭上眼睛去试一试，我们都会有出乎意料地发现，关于困扰我们的问题，关于那个渴望被爱、被认可的自己。

最后，则是行动了。找到一个新的方式去自我满足，旧的方式才能真正被替代。过去，为了满足自己的核心需要，我们不惜给自己的生活制造出无数麻烦，可见这份需要能够带给我们多大的能量。现在，好好地在新的态度和方法的加持下运用这种动力吧！在自我满足的同时，消除烦恼，解决问题，我们其实一直拥有这种能力和勇气。

第 4 章

是磨难还是契机，你说了算

生命中最伟大的光辉，
不在于永不坠落，
而在于坠落后总能再度升起。

——纳尔逊·曼德拉

我有一个好友，从小家境优渥、顺风顺水，毕业之后曾在一家大国企工作。虽然在成为"大龄女青年"的道路上越走越远，但她独自一人也一直过得很滋润。然而，三年前，她因为一次小小的升迁，换了顶头上司，麻烦也跟随而来。下班后她经常找我吃饭，气愤地向我控诉这位领导的"不讲道理""没有水平""大男子主义"，并且情绪激动地转述他们在办公室里的争执！大多数时候是疾言怒色，有的时候则是泪流满面。从小到大没受过什么委屈的她，多次和我表示想要换个工作岗位，实在不行就辞职，反正这工作是做不下去了。

这情形持续了几个月，后来她找我吃饭的频率逐渐下降了。虽然是好朋友，但她不说我也不愿意过多探究。我猜测她或许是成功换了工作岗位，也或许是逐渐习惯了新领导的风格！反正她不找我倾诉了，大概率是事情有了转机。然而，这个转机实在是出人意料，后来她联系我，是邀请我参加她的婚礼！新郎竟然就是那个"不讲道理""没有水平""大男子主义"的新领导，对此我简直惊掉了下巴。

上帝想要给你一个礼物，往往有着一个丑陋的包装。看来这话着实不假。曾经看起来过不去的坎儿，竟然成了找到终身伴侣的契机，这篇翻得实在是精彩。

不过回头想想，事情也不难理解。一个什么都不缺的都市白领，本没有任何理由去主动了解一个"陌生的相亲男子"，再凑凑合合地进入婚姻。可是工作中的"冲突"，让她不得不去了解对方的想法、对方的品性，并最终因为了解坠入了爱河。虽然这结果并非她有意为之，但能够化磨难为契机，是和她极强的沟通能力、刨根问底的沟通意愿息息相关的。如果遇到了"难搞"的领导，她就将这定义为一件"坏事"，拒绝沟通、自怨自艾地问"为什么要我碰到这种倒霉事"，那么事情就真会成为无法翻篇的问题。可是她神奇地让问题翻篇了，重新定义了整件事情，所有的"坏事"都变成了"甜蜜的回忆"，人生就是这么神奇。

永远别说：这是一件坏事

　　人有一种倾向，就是常将过去发生的且当下感到痛苦的事情定义为"坏事"，并认为自己对于这样的遭遇是完全无能为力的。比如，"高考失利了，我现在非常沮丧，真倒霉，遇到了这种糟心事。""我得了重病，绝望到了极点，为什么是我呢？小时候算命先生说我命不好，看来果真如此。""老公出轨了，这对我来说像天塌了一样，凭什么要我遭遇这些，我真是世界上最惨的女人！"

　　等一等，当我们说"这是一件坏事"，并认为自己对此毫无办法的时候，我们忘记了一个时间维度：未来！事情在过去发生，现在令我们痛苦，这的确不可改变，但是我们可以在未来努力，重新定义这件事情的性质！

　　高考失利了，让我们感到万分沮丧，但如果我们能以此为契机，发奋图强，明年考得更好，这件事情就不会成为一个无法翻篇的问题，而是成了激励我们前行的动力。当然，还可以放弃学习这个赛道，自己创业。可能等到我们的高中同学大学毕业，焦头烂额地找工作的时候，我们已经小有成就、生意蒸蒸日上了。高考失利的问题早已翻篇，我们只会感谢这件事情终于将不善于学习的我们解救了出来。这种发展的前提是我们没有因为高考成绩自暴自弃，说这是一件坏事，而我们无力改变。

　　被诊断了重病，任谁都会绝望至极，如果我们说："我真是不幸，除了等死还能做什么呢？"那么这件坏事就真的无法翻篇了。可是我身边就有人，因为自己被诊断了癌症，而成立了关爱癌症群体的公益组织，献身在爱的事业中，并认为自己碌碌无为的人生终于找到了意义。也有人因为重病，突然发现了生命的珍贵，开始更加珍惜和家人在一起的时光，更多地去体验生命中的精彩，而不是过一种重复而麻木的生活。

　　另一半出轨了，人们起初知晓时的确如感受晴天霹雳，但事情会有转机吗？别那么早下定义，在咨询室里，我就见证过很多婚姻因为一方的出轨而濒临崩溃，最后双方又因为这一事件而加深了对彼此的理解，使关系更加稳固的案例。当然，也有人因为丈夫的出轨，抛下过往，重新出发，开始自我提升，重建了自己的事业，找回了作为主体的自信。

　　永远别说：这是一件坏事。因为你总是有机会，站在未来说：这是一个契机。

可怕的"受害者心态"

从心理学的角度来说,这叫作"意义疗法",然而即使没有心理学,这个道理其实每个人也都懂。于是问题来了,既然是每个人都懂的道理,为什么我们还是会被问题卡住无法翻篇,而不是做一个有能力决定未来,并让未来决定当下事件意义的人呢?答案是"受害者心态"。

"受害者心态",顾名思义,就是总觉得在坏事面前自己是个受害者。我们会责怪他人和环境造成了自己现在的困境:"都是因为原生家庭的问题,我才会得抑郁症。"我们会责怪命运的不公,自怨自艾:"为什么要我遭遇这些,命运为何要如此对我!"然而,这都不是最可怕的,最可怕的是在上面的逻辑下，我们会深受无力感的困扰，认为自己无力改变现状。毕竟如果问题是别人、是环境造成的，是命运的不公带来的，那么我们又能有什么办法呢？既然我们是毫无办法的，我们怎么可能会拥有一种"是磨难还是契机，我说了算的"心态，并让事情翻篇呢？

换句话说，一个人若想要拥有让事情翻篇的能力，通过自己的努力重新定义一件事情意义的能力，摆脱受害者心态是至关重要的。而想要摆脱这种被动的心理状态，关键在于认识到这种心态的继发性获益。继发性获益是指，看起来我们现在所拥有的心理状态、行为模式是毫无好处的，比如，拥有"受害者心态"显然会让一个人无法摆脱困境，但实际上我们仍可以从中得到一些间接和隐形的好处，也正因为如此，我们才一直保留着它。

举个很常见的例子，有的人经常生病，如头痛，总是好不起来，为什么呢？因为他需要这个症状。奇怪吧，头痛对一个人毫无益处，维持住它是为了什么呢？其实，头痛是有好处的，它可以让一个人得到亲人的关心，还能成为一个人没能取得应有成就的借口，这就是继发性获益，为了这份好处，一个人可能就会不自觉地维持这个症状，让头疼的问题一直存在。

那么"受害者心态"带给了我们什么样的继发性获益，而让我们一直保留着它呢？其原因很多。第一，保住"面子"。如果我们的境遇不是他人和环境造成的，那就是我们自己造成的。说得难听点——"自作自受！"这是不是会让人很没"面子"。第二，减轻压力。这里的压力有两个层面，自我苛责的压力和做出改变的压力。如果我们能通过行动重新定义痛苦，那么就意味着现在的困境是我们自己造成的，既然困境是我们自己造成的，我们就不得不在自己身上找问题，并很容易开始自我苛责。比如，如果我们的抑郁不是原生家庭造成的，而是因为自己钻了牛角尖，那么我们就要发现并承认自己的问题，而不能站在道德的制高点上，轻松地谴责别人了。同时，这也意味着想要摆脱困境，我们必须有所行动，而不是指望我们的父母有所改变，让我们的抑郁症好起来。自我提升，走出舒适圈，谈何容易呢？第三，获得同情。

我们无法翻篇的问题都是命运的不公、他人的不负责任造成的，而我们只是受害者，对此毫无办法。这个剧本是不是远比不论现在的问题是否是我们自己造成的，我们都必须承担起对自己生活的责任，化问题为契机，更能博取别人的同情呢？而被人同情，意味着一种类似于被爱的感觉，会得到被特殊照顾的优待，我们何乐而不为呢？

为了这些隐形的好处，我们放弃了将问题化为契机的可能性，然而这真的值得吗？答案显而易见。

创造意义：积极地解决问题，就是创造意义

　　当我们将受害者心态的继发性获益意识化之后，将问题化为契机的行动就可以开始了。然而，具体要怎么做呢？当然，身患重病，却能马上以此为契机建立公益组织、找到人生价值，这对于我们这些普通人来说非常困难，但是只要我们能积极面对，就会在对抗疾病的过程中学习到如何应对药物不良反应的技巧，发现病友间相互支持的重要性，摸索出家属陪护期间与医生护士的相处之道，之后也许出于善良的本性，很自然地我们会希望分享自己的经验，把我们收到过的好意传递给别人，慢慢地我们会和很多病友及家属建立关

系，对他们产生影响力，最后让我们找到人生的价值，我们才会为身患重病的痛苦创造出意义。然而，如果我们不去建立积极的心态，只是自怨自艾，每天抱怨命运的不公，专注于自己的痛苦，就不可能因为患病获得新的经验并与他人分享，就不会认识与自己同病相怜的人并影响他们，更不会感受到分享经验与帮助他人的乐趣了。我们将永远无法把身患重病化为契机，找到痛苦的意义。

也就是说，拥有翻篇的能力：化问题为契机，为痛苦赋予意义，并不像我们想的那么不可能。摆脱受害者心态，积极地解决问题，一切都将水到渠成。

我在这里再为大家举一个例子。你知道为什么很多人会走进心理咨询行业，成为优秀的咨询师吗？平时都是心理咨询师"窥探"别人的秘密，我现在也带大家"窥探"一下心理咨询师的秘密。这些人是因为做心理咨询赚钱吗？还是因为这是个朝阳行业所以前景好吗？都不是。大多数选择成为心理咨询师的人，都是曾经遇到过心理困扰的人。为了帮助自己走出困境，他们不断进行自我察觉、学习了很多方法。

并在自己摆脱了困扰之后，想要将自己的经验、技能分享出来，帮助他人。

现代催眠之父米尔顿·艾瑞克森，17岁患小儿麻痹，忽然降临的疾病让他瘫痪在床，除了转动眼球和说话之外，再也做不了任何事情，每个医生都认为，这个可怜的孩子可能活不了几天了。然而，他并没有接受这个"判决"，而是积极地开始了与自己潜意识的对话。通过心理暗示，他的行动能力逐渐恢复，并在几年之后终于站了起来。后来，他甚至驾着独木舟，畅游了密西西比河。当然，最重要的是，他总结了自己的康复经验，开创了现代心理疗法，帮助了无数人，成为一代催眠大师。

磨难变为契机，他为瘫痪创造了新的意义。他从一开始就为自己规划了这样的一条道路吗？当然不是。他只是在积极解决命运带给他的难题。

发现意义：从真正无法改变的事情中，努力发现意义

不可否认的是，生命中有些事情真的无法改变，无法靠积极解决问题来重新创造出意义。高考失利，我们尚且可以以此为契机发奋图强，从而考上更好的大学。抑郁了，我们尚且可以以此为契机自救后救人，成为心理咨询师。但是若挚爱亲朋离世，我们要怎么积极地解决问题？难道我们还能研制出长生不老药，改变生死吗？

其实，面对真正无法改变的问题，如果创造意义实在是艰难，我们还可以发现意义。

有一位老人，因为妻子的离世而陷入了严重的抑郁中。一辈子恩爱的人就这样离开，悲伤、愤怒、绝望、恐惧、无助，种种感受都让他觉得生命毫无意义，除了放弃自己的生命，没有什么办法可以让这份痛苦消失，让妻子去世的事情翻篇了。

后来，他遇到了治疗师维克多·弗兰克尔，弗兰克尔对他说："你有没有想过如果是你先离开人世，会发生什么呢？你心爱的妻子就要经受你现在经受的这些痛苦了。所以，你现在经历的痛苦就是在免除她的痛苦。为了这份意义，请接受这份安排，好好地生活下去吧。"据说老人听后一言不发，紧紧地握住了弗兰克尔的手，然后平静地离开了。在无法改变的事情中发现意义，事情就这样翻篇了。换句话说，让问题变成契机，不一定要真的改变什么，契机可以是找到看问题的新角度的契机，是发现问题存在之意义的契机。

有的人因为害怕衰老来做心理咨询，我会问她："你说变老意味着越来越没有价值，从而丧失安全感。难道你不觉得有时候越是没有价值，越意味着安全吗？熊就因为自己的胆汁有药用价值，而被关在了笼子里。新闻报道里被绑架的都是富豪，从没见过有人绑架街边的乞丐。这么看，是不是低价值也是一件令人很有安全感的好事？"

有的人因为丈夫总是不回家而痛苦，我会问她："你没发现自己正拥有着其他已婚人士所没有的自由吗？"

我并不是鼓励大家总是将问题定义为无法改变的，从而陷入我们之前讲过的受害者心态。但是很多时候，不要说生老病死，就是他人的某个你不喜欢的行为模式，我们对此都是无能为力的。这个时候，别忘了我们仍然拥有定义问题性质的能力，以及在痛苦中发现意义的能力，而当我们这样做时，过不去的事情往往就神奇地翻篇了。因为这个世界上哪有什么真正无法解决的事情呀，这个世界上有的只是被我们钉在心里不想去改变的事情。

相信意义：
不是磨难中没有契机，
只是我们还没有发现

讲了这么多，与其说我是在为大家介绍一些让问题翻篇的方法，不如说是想要帮大家建立一种"磨难中一定藏着契机"的信念。

通过积极解决问题给痛苦创造出新的意义，努力在无法改变的实践中发现新的意义，这一切都建立在相信问题有其存在的意义这一信念之上。

然而，我们现在经历的痛苦真的有意义吗？这真的是命运给我们的契机吗？当我们陷在痛苦之中时，未免会怀疑。毕竟我们根本看不到契机与意义在哪里。

这就是我要说的"相信"的目的了。我们总认为看不见、摸不着、证明不了的东西就是不值得相信的，却没有发现"相信"其实是一种精神力量，本不需要什么证据。比如，你相信有"爱"这种东西吗？当然。可是"爱"这种东西看得见、摸得着吗？我们会相信明天太阳会升起吗？当然。这是因为我们能证明它吗？我们顶多只是按过去的规律推断而已。所以，当我们陷在困境之中，看不到转化问题的契机、找不到其存在的积极意义时，请动用我们的精神力量去相信："问题的存在必有深意，是磨难还是契机，我说了算！"

不论是用我前面提到的案例自我激励，还是从我们过去的经验中获取能量，总之，去相信不是磨难中没有契机，只是我们还没有发现，因为"信则得救"。

我们会因此拥有希望。在困境中永不熄灭的希望对一个人意味着什么其实是不言自明的。积极行动！既然契机必然存在，只是我们尚未发现，我们当然更愿意去找到这个答案。我们还会因此拥有耐心，希望永不熄灭，行动永不停歇，这时还有什么样的问题是无法翻篇的呢？

第6章

时间终会让事情过去

给时间一点时间，
让过去过去，
让开始开始。

——加夫列尔·加西亚·马尔克斯

为了让事情翻篇，我在前面已经讲了不少方法，当我们陷在问题里深感痛苦的时候，总是要做点什么来缓解焦虑的。买上一本书，学几个方法，喝一点"鸡汤"，心里舒坦！然而，有的时候，问题真的不是我们积极行动就能解决的，因为万事万物的变化都有其规律，都需要时间。

耐心等待，事情就会好起来

　　我不知道你有没有发现，生活中的很多问题真的可以"静待花开"。

　　晓慧是我的高中同学，毕业之后我们就没什么联系了。去年她知道了我在做心理咨询，就加了微信，迫切地要和我聊聊。她那时非常焦虑，为了她儿子的问题。去年年初，孩子3岁了，被送去了幼儿园。噩梦从此开始，几乎每天晚上她都会接到老师的电话。"云吞妈妈，今天云吞又在幼儿园尿裤子了，你可能看到我已经给他换了。换个衣服倒是没什么，只是这已经是这个星期的第五次了吧。3岁了，在白天还不能自主如厕，您还是要重视的。""云吞妈妈，我们每天中午读故事，云吞都显得很没有兴趣，经常会愤怒地跑过来将书抢走，不允许老师继续读下去。""云吞妈妈，云吞今天又在学校打了同学，我明白孩子可能只是闹着玩，可是被打的小朋友一直在哭，对方家长意见很大，我们也很难做！"

"你说我儿子是不是有心理问题？有暴力倾向？还是有注意力缺陷？我该怎么办？"晓慧一股脑地将问题抛给了我。就这样，她每周一次地向我讲述这一星期中儿子的"行为问题"，倾诉自己的焦虑与无奈。一年过去了，上周她告诉了我结束咨询的决定，因为孩子在幼儿园的表现越来越好。不再尿裤子，能够参与集体活动，也交到了朋友。她回顾过去一年，除了每周和我聊聊，生活中并不存在其他变量，所以非常感谢我的帮助。

我发誓，在这一年中我从未给过她任何"心理学专业意见""养育男孩的重要技巧"，如果说帮助，也只是陪伴她走过了这段艰难的日子而已。所以，问题是怎么翻篇的呢？我指出了这一点，并和她探讨。最后我们一致认为，不是我和她通过积极的努力让问题翻篇了，而是孩子长大了。对于这个小孩来说，3 岁时做起来困难的事情，到了 4 岁时已经轻而易举。我希望这能够成为她这一年咨询中最重要的领悟：只要耐心等待，孩子的很多问题就会好起来。她需要做的，只是减轻自己的焦虑，不让自己的情绪变化影响到孩子自然成长的过程。

对自己的痛苦"无为"，
是智慧更是勇气

　　当我们痛苦的来源是他人的时候，尚且能够因为无奈最终学会耐心等待，将翻篇这事交由时间处理。孩子的问题让人苦恼，可是我们也实在没什么办法，不想耐心等待也得等待，最后孩子长大了，问题就过去了。我们的上级非常难搞，可是我们能做什么呢？不敢自己辞职，让他消失也不可能，只能忍。忍着忍着，人家高升了，困扰你的问题自然就解决了！

　　可是当痛苦的来源是自己的时候，想要做到"无为"，就是一件既需要智慧又需要勇气的事情了。

大家都知道，抑郁是一个比较严重的心理问题，很多人一辈子都走不出来，也有很多人因为忍受不了这份痛苦而决定结束自己的生命。然而，抑郁这个看起来恐怖的问题，其实和感冒一样，即使不做任何处理，绝大多数人也能自行痊愈，这不可思议吧。既然"无为"就可以让问题翻篇，为什么那么多人还会为此困扰，甚至自杀呢？因为当我们陷入抑郁的时候，做不到"无为"。我们会焦虑，每天都会想："如果我这样下去会不会和×××一样，也跳楼自杀了！我会不会失去劳动能力，被人嫌弃。"灾难化联想不断，吓都吓死了。因为恐惧，我们又会更加迫切地想要走出来，每天就琢磨着："我为什么会抑郁呢？为什么是我呢？生命的本质就是痛苦吗？活着到底有什么意义呢？天呀，这种感受又来了，一切都完了！"与身边人也不沟通了，原来感兴趣的事情也不做了，我们整天抑郁，抑郁就是我们的全部，再也走不出来了。当然，不是我们总要灾难化地联想、自我封闭，这其实是抑郁导致的症状。但不可否认的是，如果不是我们总要做点什么，而是暂住在抑郁的痛苦之中，这些次生灾害就不会发生，让问题进入恶性循环了。

我们或许还可以用感冒来做个类比。我们感冒了，发烧咳嗽很难受。如果我们什么都不做，过几天也就好了。可是："不行，我要做点什么！既然发烧了，温度高，那就洗个冷水澡降温吧！"结果，感冒变肺炎了！"天呀，我的症状似乎更严重了，咳嗽得越来越厉害，我会不会因此死掉？怎么办，怎么办？肺发炎了要不把肺摘除吧！"这感冒还能好起来吗？

这并不是说，一个人抑郁了就应该药也不吃、心理咨询也不做，就好像我们明明发烧了，却不看医生不吃药在家干挺着一样。而是说，对于自己的痛苦，我们也需要有智慧和勇气，拥有通过耐心等待让事情翻篇的能力，而不是因为焦虑非要做点什么。因为对抗会让问题变得越来越严重。

至于这份"无为"的智慧和勇气要从哪里获得，我们后面再说。

山不转水转，
事情不变意义会变

　　在前面的例子中，时间让问题本身发生了变化。令人头疼的孩子会长大，痛苦的情绪问题会痊愈。然而，有时候时间的神奇之处不在于改变问题本身，而在于能改变事情的意义。

　　有一个故事叫作塞翁失马，你肯定听过。一个老人住在边塞，儿子因为骑马摔断了腿。这是个十足的坏事吧，英俊潇洒的儿子成了个瘸子。结果没过几年，胡人入侵，身体健康的人都参军了，战事惨烈，十去九死，他的儿子却因为身体残疾未入伍，得以保住了性命。

　　骑马摔断了腿这件事变了吗？没有，坏事已成事实。但是随着时间推移，我们会发现事情翻篇了。因为这件坏事，变成了好事。

　　时间让外部环境发生了变化，同样的问题放在其中，就有了不同的角度和可能性。

　　我知道生活中的反转事件并不会每天都发生，但是福祸相倚的道理是不变的。有的时候，我们不需要做任何事情，只是默默等待，坏事就会变成好事，我们就会因为在痛苦中看到新的意义而彻底释然。

　　最重要的是，即便这个时刻尚未到来，我们也会因为懂得了这个道理，明白福祸相倚，世间没有绝对的坏事，又何必为一件事耿耿于怀呢？于是，神奇的事情发生了，我们不再需要时间改变一件事情的意义，依靠我们自己，事情就可以翻篇了。

时间让令人担忧的未来到来，带来的是释然

　　无法翻篇的问题，可并不一定发生在过去，它还可能存在于未来。担忧、焦虑本身都可能成为久久困扰我们的问题。往大了说，大学毕业后找不到工作怎么办呀？往小了说，下周约了一个重要的客户吃饭，到时候会不会堵车迟到呢?

　　只要这个时刻还没到来，问题就无法翻篇。吃饭的时候忧虑的是这点事，完全忽略了食物的味道，睡觉的时候忧虑的还是这点事，天天失眠。幸运的是，在我们担忧未来的时候，时间的流逝从未停止。总有一天，时间会将焦虑的时刻从未来带到现在，让我们发现，我们痛苦了这么久的事情，

竟然就这么迎刃而解了。

这是一件发生在我生活中的小事。几天后是爷爷的生日，我在自己居住的城市订购了一些糕点，准备收到后邮寄回家。下单之后我突然意识到，自己做了一件不太明智的事。首先，包裹很大，按照收件地址的管理规定快递无法送上门，只能去楼下拿，而那时我的手臂受伤了，完全搬不了重物。我开始焦虑，怎么办呢？冒着让手臂伤势加重的风险强行拿上来？显然不妥。暂时放在保安亭？可是最近暴雨不断，打湿了很麻烦。况且楼下的保安会答应这个请求吗？不确定。不过也只能到时候试试了。包裹要来的前几天，我一想到这件事就觉得难办。幸好现在快递业发达，不然这件事也不知道还要困扰我多久。

"小姐，你的包裹给你放快递柜了哈！"快递小哥告诉我。

快递柜？这是我之前完全没想到的。太好了！我可以把包裹先存放在快递柜不去拿，再下一张寄快递的单，等快递小哥到了我再下去，把包裹从快递柜直接发给快递员，完美！

当我下完了快递单，正美滋滋地等待着快递员的电话的时候，却突然被告知，日程调整，有个很重要的会议马上要开始了。于是焦虑感再次袭来，怎么办？很显然，我没办法在会议期间去完成这一摊子事，只能默默祈祷快递员来的时间"合适"。然而，当会议刚进入重要议题的时候，电话来了。

万般无奈之下，我悄悄挂断了电话，给快递员发了一条信息："你好，我要邮寄的包裹在快递柜，取件码如下：×××××。共两件包裹，6盒点心，能不能麻烦你帮我核对一下数量，然后邮寄出去。费用我来支付，你告诉我就好。"

对方会帮这个忙吗？数量、费用会不会出错？事情能顺利吗？事实证明，一切都很顺利。爷爷在生日当天开心地收到了点心，不仅数量没错，点心还被认真地重新打包，完好无损。

这只是一件小事，因为性质之轻、持续时间之短，它可能都称不上是需要翻篇的问题。但是如果我们无法学习到"时间让令人担忧的未来到来，带来的往往是释然，使问题迎刃而解"这个道理，就会被焦虑困在将要发生的一件件小事当中。我们今天担心："明天上班下雨怎么办？我可能打不到车、被淋成落汤鸡，最终还是赶不上打卡，失去这个月的全勤奖。"明天焦虑："婆婆下个月要来帮我带孩子，我们的生活习惯不一样，一定会有冲突。会不会沟通不畅、发生婆媳大战，最终要离婚分财产？"这种情况就没有结束的时候。

而如果我们能耐心等待，在时间尚未将未来带来之前，信任它的结果，就会发现，上班时间下雨我们还是成功叫到了车，下车的时候发现自己竟然没有带伞，素不相识的路人却邀请我们一同打伞进入写字楼。打卡的确没有赶上，老板却说今天的雨实在太大，来晚不算迟到。我们还会发现，和婆婆一起带孩子的确有冲突，但是可以通过沟通解决问题。丈夫更是比我们想的会处理家庭关系，总是可以站在我的立场上考虑问题，又不会让他妈妈伤心。

时间总会通过让未来到来的方式，将我们的焦虑彻底翻篇。但更重要的是，我们能否在一次次经验中明白，对未来的焦虑与担心本就没有必要，为何不现在就放下，不辜负时间的一番美意呢？

豁达的前提，是信任

时间终会让事情过去，这个道理我们现在懂了。然而，到底要怎么拥有这种豁达的态度，拥有等待与无为的智慧和勇气呢？答案是信任。

在关于别人的问题上，比如，我们前面提到的孩子的问题，如何面对老师的负面反馈还能做到不焦虑，而能耐心等待孩子成长带来的变化呢？答案是信任孩子，信任生命自发向好的能力。

在关于自己的问题上，比如，我们前面提到的抑郁问题，如何才能做到不对抗，用无为让事情翻篇呢？答案是信任自己，信任身体与情绪的自愈力。

在关于未来的问题上，如何才能做到不担忧，而是乐观地等待未来的到来呢？答案是信任全世界都会帮自己，命运会眷顾自己。

信任、信任、信任！豁达的前提，就是信任！

然而，信任又是从哪里来的呢？

首先，信任不是空穴来风，而是我们掌握着事情的规律。农民伯伯为什么没有在春天播种的时候就开始忧愁：现在我只有一颗小小的种子，还被埋进了土里，今年岂不是要被饿死了。因为他信任种子发芽结果的能力，信任时间的力量。然而，这个信任是怎么来的呢？是他从父辈那里学习过种子生长的规律，一年年的劳作更带给了他重要的经验。

我经常在月经来临前感到抑郁，但我不会为这份情绪痛苦和焦虑，制造"次生灾害"。不是我天生豁达，比别人更能接纳自己的情绪，而是我知道这是激素变化造成的，很正常，过了这几天就好了。我学习过女性激素变化的知识，还通过每个月对自身生理和情绪变化的观察，获得了属于自己的经验。

然而，如果说信任就是知识与经验，那就大错特错了。我们说过"相信"是一种精神力量，"信任"也是一样。你说信任孩子有自发向好的能力，那怎么还是有那么多孩子学坏了呢？你说信任种子发芽的客观规律，不是还有发芽率的高低吗？你说信任身体的自愈力，不是还有人病死了吗？你说担心的那些事情都会迎刃而解，那怎么世界上还会有这么多倒霉事呢？知识和经验也告诉我们，凡事自己早做打算更好！不能完全信任时间的力量，耐心等待可能意味着伤害。

信任与否各有道理，然而，我们仍然可以动用自己的精神力量去选择信任。因为这不仅会让我们拥有等待的智慧与勇气，拥有让时间去帮我们翻篇的能力，无疑还会带给我们完全不同的心智品质，进而发展出不同的外部现实。

学会信任，这个世界就会更加爱你

　　首先，我们会因为信任而拥有接纳的态度。因为信任时间会让所有事情过去，我们就不会把任何情况都看作一个"问题"，而是能够将它看作事情发展的一个阶段。我们也就不会去拒绝和否认生命中已经客观存在的情况，从而拒绝解决问题。另一半的出轨不是一个问题，它只是我们人生中的一个体验，一个阶段，当我们这样看问题时就会更容易轻松前行，去下一段关系中寻找幸福，而不是越想越难过，最后把身体搞垮，从此与幸福无缘。在宿舍里被排挤也不再是一个问题，这些在当下看起来重要的人际关系，毕业后就没什么大不了了，时间总会让事情翻篇，与其在这几年里为一件总会过去的事情痛苦，不如去别的地方找点乐趣，去图书馆看看书，去小花园跳跳舞不好吗？

其次，我们对这个世界越信任，这个世界就会越值得我们信任。当我们信任自己身体的复原能力时，就是在给自己积极的暗示，我们的意志就坚定了，身体的抵抗力就好了，复原力就会真的增强。当我们信任孩子拥有自己变好的能力，就是看见他身上那些值得信任的品质，而孩子会因为被看见而不愿让我们失望，从而变得更值得信任。我们就因此与这个世界进入了信任的良性循环，从而变得更接纳、更智慧、更勇敢。

最后，最重要的是，信任会带给我们一种被爱的感觉。正是因为信任自己什么都不需要做事情也会好起来，所以我们才敢等着时间让事情翻篇。只要我们有一次这样的成功经验，就会感到这个世界爱着我们。我们在自愈力里面感受着身体对自己的爱，我们在担忧的问题迎刃而解时感受到陌生人的友好，我们在因祸得福的神奇中体验着命运对我们的眷顾。

于是，我们拥有了接纳、信任与爱，而这不是比任何事情都重要的吗？

第6章

闭口不言，只会让『伤口』发炎

孤独的人，
每天拖着他的影子，
孤独的影子，
每天跟随着主人，
一生的时间，
彼此都不倾诉。

——燕七

66 人的一切烦恼都来自人际关系。"阿德勒这样说，那么
沟通、倾诉的语言就成了化解一切问题的关键。当然，
反过来说，如果我们想让一个问题无法翻篇，闭口不言就足
够了。

若与他人闹了矛盾，只要不沟通，矛盾就会一直存在下
去。我们被不公平地对待了，只要不倾诉，这个结就会一直
卡在心里。

不沟通，就可以假装问题不存在吗

一个人在遇到问题的时候，为什么会拒绝沟通？一个很重要的原因，在于害怕冲突。要好的朋友答应帮我介绍一个重要的客户，可是一个月过去了还没有消息。我是既着急又怨恨，心想："这个人也太不够意思了，答应的事情就这么不了了之了！"关系中的问题因此产生，从此以后我都对他心存芥蒂。

可是我为什么不去和他沟通一下，问一问事情的进展怎么样了呢？是朋友最近忙得焦头烂额，完全忘了这件事，还是客户没看上我这个合作人，朋友又不好意思直说？原因很简单，我怕自己一问，就会攻击我的朋友。"你说帮我介绍客户，一个月了怎么还没消息？"这怎么听都是谴责呀！为了回避冲突、保护关系，我选择闭口不言。而结果怎么样呢？我的闭口不言并没有让冲突消失，而是回避了化解冲突的可能性，我的不沟通没能保护关系，而是让两个人永远别别扭扭，关系中的问题无法翻篇。

这种情况在亲近的人之间更常见。我大学毕业后就离开了家乡，和父母同住的经验变得越来越少。后来父母退休，来到我居住的城市，问题也随之而来。"你看你，吃得这么少，营养怎么够。这一盆排骨，我在年轻的时候，一顿饭就吃完了！"在我每天研究食谱，保持健康与身材的时候，我妈这么说。"我真是不能理解现在的年轻人，下了班就玩手机，也不陪孩子玩，真不知道生孩子来做什么。"我把手机从眼前移开，看看我妈，虽然我还没有孩子，但是我实在怀疑她在指桑骂槐。

然而，我是怎么应对的呢？闭口不言！因为我感觉自己一开口，就是在顶撞我妈。"您年轻的时候，一顿饭一盆排骨？那不就是不懂科学饮食嘛，要是懂，现在您能有'三高'吗？""您那代人倒是好，没手机，可下班也没见您陪孩子呀？"显然不能这样沟通，这只会导致冲突。那段时间对我妈的唠叨我是不胜其烦的，可是我也不愿意去和她沟通，怕伤害她的感情。

后来发生了一件事，彻底改变了我和我妈的沟通模式，让"父母退休后投奔子女，引发家庭矛盾"的戏码彻底翻了篇！

有一天，我妈又在一个人发表她的见解，而我在默默忍受这些"奇谈怪论"，假装没听见。我妈说了半天，突然哀叹一声，"哎，女儿大了，不愿意理我喽，我说什么，人家就'嗯''啊'地应付一句。"我当时的第一反应是："什么？我忍得这么辛苦，你竟然还不满意！"然后，我突然意识到，"我和我妈相处不来""我实在无法和我妈沟通"的问题之所以存在了这么久、无法翻篇，会不会是我一直拒绝沟通的缘故呢？

这种不沟通回避冲突的模式，显然没有达到我满意、我妈也满意的效果，不如改变一下吧。"妈，我今天看了一本营养学的书，书里说，高血脂是可以通过食物改善的。你看，我这次体检，年纪轻轻就高血脂了，你说要是因此心肌梗死了可怎么办！"我妈一听，顿时有些紧张，自己刷起了讲营养健康的小视频。几个月后体检，她发现自己的各项指标竟然都有所好转，从此再也没劝我吃完过那一大锅排骨，甚至还和我偷偷说："你看老家那些人，一点不懂科学饮食，每天大鱼大肉，这身体哪里受得了。"

沟通就是为了让问题翻篇的。在某个意识层面，我们总觉得不沟通就没有冲突，没有冲突就没有问题，像个鸵鸟一样，把头埋在沙子里。却忘记了，对于他人来说我们其实是"盲盒"，我们以为自己压抑一下，彼此就相安无事了，但其实在他人看来，我们可能一直在莫名其妙地别别扭扭，他们也会困惑于不知道自己在哪里惹到了我们，更不知道如何让相处变融洽。而他人对我们来说其实也是盲盒，不去沟通我们就永远不知道他们为何要如此，更不会知道翻篇也许只需要一句话。

你拒开沟通的大门？
我也把倾诉之窗关上

当然，很多时候想要靠沟通让问题翻篇，是不切实际的。我们公司的写字楼下面，常年站着一个 30 岁左右的女性，穿着一件写着"某某公司董事长，我要找你谈谈"的 T 恤，举着一张写有"无良老板，还我血汗钱"的条幅。我也是道听途说：都市白领被公司以莫名其妙的理由辞退，连最后一个月的工资都没有拿到，因为咽不下这口气，在这里白天黑夜地讨公道。

下雨的时候她打着伞站在车棚下，天冷的时候她戴着围巾瑟瑟缩缩，每次我经过她时都会想，要是她能想开一点儿，让事情翻篇，别说一个月的工资，就是一年的工资也早就赚回来了。倒不是说人不该有斗争精神，只不过这风里来雨里去的，苦了的还不是自己。

这属于他人没有意愿和我们交流的情况，我们想沟通，他人却不给我们开口的机会。还有些时候，我们难以翻篇的事情，已经成了真正的陈年旧账，"小时候，我奶奶偏心，给我弟弟买雪糕却不给我买，可是奶奶早就过世，现在我能找谁沟通！"这个时候，我们看似只能闭口不言，心结也永远无法打开了。然而，除了沟通，我们还可以通过倾诉，让事情翻篇。

心理学家比昂提出过著名的"容器理论"，是指一个主体将对方无法处理的心理内容接受并处理，再将处理结果还给对方的过程。而这个过程对于一个人的心理健康，或者说翻篇的能力是至关重要的。比如，一个小婴儿感到了饥饿，可是他并不知道自己怎么了，他只知道"我痛苦得要死了"，于是只能声嘶力竭地哭起来。这份痛苦是他涵容不住的，可是母亲却可以。她温柔地将小婴儿抱起，说："我的小宝贝，你怎么哭得这么厉害，是不是饿了？"再把奶瓶塞进他的嘴里。小婴儿的痛苦得到了平息。因为母亲接收到了孩子饥饿的信号，理解了它，并告诉他："好了，这没什么，你只是饿了，你看，奶水就可以轻松地解决这一问题。"这个时候，曾经的痛苦，就彻底地翻篇了。

作为成年人，我们也需要这样的涵容者。你肯定也有这样的经验，在单位被老板"PUA"（精神控制），气得"发疯"。下了班，便约闺蜜吃个饭一吐为快，她一边耐心倾听一边和你同仇敌忾，糟糕的情绪很快就消失了。事情一翻篇，你就又开开心心地过你的小日子去了。人生从无大事，只要有一个可以理解自己的人！

然而，对于某些事情，我们并不会这么做，因为我们会担心暴露自己"不好的一面"。没错，很多来访者都会这样表达。"我一个大男人，和别人讲小时候奶奶偏心没给我买雪糕的事，看起来是不是过于小肚鸡肠。""我为了一点小事，和我妈赌气不回家，气得她心脏病都要发作了，说出来，别人一定觉得我很不孝顺。""我竟然爱上了一个有女朋友的男人，天呀，朋友们会怎么看我！"为此，我们拒绝了倾诉，拒绝了被他人理解的机会，拒绝了让自己无法承受的痛苦被他人涵容住的可能性。疗愈之光找不到缝隙，困扰我们的痛苦永远无法被照亮。

新问题掩盖旧问题，
大问题替代小问题

　　向别人倾诉不是目的，理解自己并在这个基础上满足自己才是关键。也就是说，如果我们能做到自我觉察，充分理解自己怎么了，也就是做到我在《不去讨好任何人》这本书里介绍的 SELF 心理自助疗法 ① 的第一步，倾诉也并非必要。但问题是，自我觉察往往需要建立在充分被他人理解的基础

---

① SELF 心理自助疗法是一套自我疗愈方法，包含八个步骤：自我觉察（Self Awareness）、情绪接纳（Emotion Acceptance）、连接资源（Links to Resources）、信念转换（Faith Conversion）、技巧提升（Skill Improvement）、经验获得（Experience Gain）、爱自己（Love Yourself）、极好的身心状态（Fabulous Life）。非常神奇的是，这八个步骤的英文首字母连接起来竟然是两个"SELF"，也就是"自"和"我"，好像这个方法就是为了让我们自我救赎、活出自我而存在一样。

之上。

还记得我们之前提到的容器理论吧，一个人只有被另一个人充分地涵容过、理解过，才能发展出自我涵容、自我理解的功能。还拿那个小婴儿举例，只有母亲一次次告诉他"没关系，你只是饿了"之后，他才能逐渐知道，这种难受的滋味叫作饥饿，虽然它很痛苦，但这没什么，"妈妈会来喂我的！"当然，随着他逐渐长大，对世界的掌控能力越来越强，他会更加能够涵容住这种痛苦，因为他甚至不需要母亲的帮助，就可以找到食物自我安抚了。这也是心理咨询的作用之一，咨询师作为一个容器，不断地涵容来访者的情绪，并最终让来访者拥有自我理解、自我涵容的能力，也就是让事情翻篇的能力。

然而，在问题面前，我们因为怕暴露自己的脆弱、不堪而拒绝倾诉，却又缺乏自我理解的能力。结果是什么呢？旧问题制造新问题，而且是"轰轰烈烈"的新问题！以至于别说让原本的问题翻篇了，问题具体是什么都变得扑朔迷离了。

我在这里给大家举一个例子。刚刚进入孕晚期的一天早上，我站到了体重秤上！什么？我以为自己眼花了，一个星期长了 3 斤！天呀，现在距离生产还有 10 个星期，按照这个速度继续下去，我可能要涨 30 斤？！还没等我缓过神来，家人已经起床，叫我吃早饭去了，这件事也被抛在了脑后，毕竟怀孕变胖是一件再正常不过的事情。

然而那天上午，我的心情莫名地糟糕。老公吃完早饭跷着二郎腿在床上看手机，我不满意！那么多家务，你怎么还有闲心在这里晃悠！我们家狗喝了一半牛奶就不喝了，我很不高兴！浪费粮食！想写写稿子吧，没心情，看看自己写的都是什么东西，简直是在制造垃圾！

是的，我发现了，我的状态很不对劲。于是我做了几轮深呼吸，开始问自己："亲爱的，你怎么了？"不知道，我心情很不好。"为什么呢？真的是因为老公没有做家务，狗只喝了一半牛奶吗？"显然不是。正当我迷惑不解之际，我看到了还没有放回原位的体重秤！啊，答案找到了！体重一周长了 3 斤的事情，压根没有翻篇。愤怒、委屈、焦虑的情绪根本没有被倾诉、被理解！

　　我环顾了一下因为我的坏情绪而变得安静异常的家，觉得又自责又感恩。自责是因为，我未能及时自我理解，让坏情绪伤害到了无辜的爱人，是的，还有无辜的小狗。感恩是因为，身边的人对我很包容，尚未造成什么不可化解的冲突。

　　然而，如果我一直无法自我理解，那么会发生什么呢？家庭矛盾爆发！我可能会和丈夫吵架，和家人闹矛盾。这些事情看起来激烈异常、紧迫非凡，解决它们都解决不过来，谁还会有时间做几轮深呼吸、想起什么一周胖了 3 斤的小事情呢？无法自我理解，就会造成：新问题掩盖旧问题，大问题替代小问题。本来抱着老公哭一通鼻子，撒个娇就能解决的小事，也会彻底失去翻篇的可能性了。

防御情感，就是掩盖问题

    前一小节例子里还有一个非常重要的点，我想要提醒各位注意，那就是"理智化"！当我意识到自己因为怀孕身材正在走样的时候，我的感受是愤怒、委屈、焦虑。可是我却对自己说："怀孕变胖是一件再正常不过的事情！"这就叫理智化。或许是我不愿意面对那些痛苦的感受，或许是我没有时间倾诉痛苦，不论出于什么原因，理智化都是一种非常常见的心理防御机制，让大脑把感受排除在意识之外。

    毫无疑问，这种对于情感的防御，大大阻碍了自我理解、向他人倾诉的过程，让问题变得难以翻篇。毕竟"怀孕变胖"只是正常的身体变化，有什么可倾诉、可理解的呢？我们甚至会自我谴责："人人都是如此，怎么就你有那么多情绪呢？"

为了不去体验糟糕的情绪，我们将问题理智化，而理智化又会加深一个人的"闭口不言"，让问题因为不倾诉、不理解而无法翻篇。

我清楚地记得，有一个来访者告诉我："老师，我现在最大的问题，就是对什么都充满了怨气，可是我仔细观察自己的生活，好像也没有什么可埋怨的。我和父母一相处就难受，可是父母对我都很好，我是他们的宝贝。他们的性格是有些问题，可是谁的父母是完美的呢？工作也是如此，我经常对老板、同事甚至客户都很不耐烦，如果他们下班后找我，我甚至会非常生气，不想理他们。可是工作不就是这样的吗？难道老板和客户还要围着你转吗？"

我听了他的倾诉之后，很自然地回了一句："听起来，你对父母有很多厌烦，对领导、客户有很多愤怒，但是你又无法接纳自己的这些情绪，是吗？"

没想到，这位来访者嘴巴微张、瞪大了眼睛，用一种不可思议的表情看着我。过了好一会儿，他的眼角流下了泪水，对我说："天呀，我怎么会完全没想过，自己在讨厌父母、不满领导，而且无法接纳这些情绪呢？我竟然被这个问题困扰了这么久！"

这就是理智化。"谁的父母是完美的呢？我有什么可抱怨的呢？""工作哪有那么容易做的。谁的领导好伺候？为什么就我怨气满满？！"于是愤怒、不满的情绪被压抑，问题就卡在了这里。"生活对我没什么不公平，可是我却感到怨气满满！我不该如此，可是我就是不高兴！"

然而，一次倾诉，一次理解，问题就这样翻篇了！"父母的行为就是有一些令我难以忍受的，虽然我知道他们爱我。""每个人的工作都不容易，但是我仍然有权利对这些感到烦躁，谁能对下班后还要被各种打扰的情况没有怨言呢？"

除了理智化这种方式，还有很多心理防御机制阻碍着我们向他人倾诉并得到理解的可能性。比如说，投射。投射，就是将自己潜意识中不能接受的部分，如坏情绪、糟糕的自我认知，归咎于他人的过程。举一个最简单的例子，对于很多习惯于自我压抑的人来说，他们经常会觉得自己的行为让别人生气了！"他找我帮忙我拒绝了，他一定生气了！"然而，别人真的生气了吗？未必，可能是我们在生对方的气，怨恨他提了如此无理的要求，并让我们不得不拒绝他，当了"坏人"。

那在阻碍倾诉这件事上，投射是如何产生作用的呢？当我们不愿意面对自己的感受，拒绝自我理解的时候，可能会将这部分投射给别人说："别人不会理解我！"都是因为别人无法理解，所以我们才不去倾诉，而不是我们不愿意自我理解，不想去解决问题。

有时候我也会想，我们到底是因为无法面对自身的情感，所以才去"防御"，还是因为习惯了"防御"，才抑制了情感，让理解变得不可能，让事情无法翻篇呢？或许兼而有之吧。

为什么说、向谁说、说什么

闭口不言，只会让"伤口"发炎。与人相处中的问题，我们只有沟通才能相互理解，共同寻求解决办法。对于无法沟通的问题，我们需要通过倾诉来寻求理解，不仅是他人的理解，还有自己的理解。这就是"为什么说"。

然而，我们也看到了，很多因素阻碍着一个人的言说。其中包括外部的因素：他人拒绝对话、时过境迁、忙于处理未被理解的情绪造成的麻烦等。也包括内部的因素：怕沟通会制造矛盾、怕暴露自己的脆弱被别人嘲笑，以及习惯性的情感防御等。这看起来纷乱复杂，但总结起来不过是两个问题：第一，外部真实的客体是否可沟通；第二，内部想象的客体是否严苛，能否接住自己的情绪，允许自己有愤怒、有脆弱、有自私，不够完美。而我们内心对于他人反应的预期，仍然是童年时期与真实客体打交道的经验决定的。

这也就是我在开篇引用阿德勒"人的一切烦恼都来自人际关系"的一个原因。很多时候，不是我们不想言说，不想通过沟通与理解来解决问题，而是现实中有很多"无法沟通"的人，我们内心也会因为"向父母倾诉，简直是自讨苦吃"的经验，坚信"向人倾诉并不安全，没有人可以理解我"，从而在自我保护的意识下选择闭口不言。所以，这就引出了"向谁说"的问题。

对此答案很简单，我们可以向"可沟通、会倾听、能理解"的人说。一定要沟通，别害怕冲突、不要想当然地认为所有人都是我们难以沟通的父母。去寻找有爱的能力的人，可以不评判地听我们讲自己的愤怒、脆弱、自私，所有不那么"高尚"的东西。这个人可以是一位朋友、一名心理咨询师，还可以是我们自己：一个日记本、一次深呼吸后的自我对话。总而言之，不要试图在让我们学会"闭口不言"的人那里获得倾听和理解，新的客体经验对我们来说是至关重要的。

最后"说什么"？说情绪！不论是沟通还是倾诉，目的只有一个，理解。而别人能够理解的，永远只有我们的情绪。我们说："你是个混蛋！"对方对此是无法理解的，他觉得自己挺好的。唯有我们说："你这样做，我很生气！"对方才能真正明白我们在说什么。我们说："我要和他离婚！"别人和我们自己都无法理解，"日子过得好好的，闹腾什么？"但是，如果我们说："他总是没有时间陪我，我很难过。"所有人就都懂了。我们不仅可以得到理解，还能明白自己的需要是陪伴，并尝试用不同的方式寻求满足。

然而，我们很容易将表达情绪和脆弱等同起来，从而虚张声势地用攻击他人的方式、"我为了你好"的说教来回避情绪，这个问题我在《假努力：方向不对，一切白费》这本书中用"情感离线式假努力"进行了概括，也在《不去讨好任何人》里提出了"表达情绪，而不是带着情绪去表达"的观点与解决办法，这里不再赘述。

最后，我还要多说一句，沟通与倾诉带来的理解，到底为什么可以让问题翻篇呢？我想答案是这样的：唯有理解，我们才能知道自己在哪里。而只有知道自己在哪里，我们才能知道自己可以去哪里、想要去哪里！

第一章

伤痛分不清过去、现在与未来

只要活着，就会受伤。

不要害怕，
打开你自己，
去迎接这份不可思议的
人类体验吧！

——露比·考尔

如果我问你："嗨，你能分清过去、现在与未来吗？"你肯定只会回我个白眼，连骂我是"神经病"可能都让你觉得在浪费时间。谁会分不清过去、现在与未来呢？

然而，伤痛就分不清你无法翻篇的那些事情是在过去、现在，还是未来。

创伤不是比赛，而是影响我们现在行为模式的事件

你听说过"创伤后应激障碍"（PTSD）吗？无论是否了解，我先来给你介绍一位我的来访者。阿军，35岁，男性，看起来身材健美，充满力量感。然而，如果你知道他的"噩梦"，就会唏嘘于伤痛分不清过去、现在与未来这件事何其可怕了，因为它可以击败任何一个"硬汉"。

两年前的一个傍晚，阿军和妻子、五岁的女儿像往常一样散步回来，等红灯的时候，三个人兴高采烈地计划着一个月后的假期。然后，一阵尖锐的刹车声后，阿军缓过神来，发现妻子和女儿已经飞出了很远，倒在了血泊中。

从此之后，阿军无法忍受听到急刹车的声音和孩子的欢声笑语，只要听到，他就会心跳加速，浑身出汗，感到头晕目眩。有的时候，还伴随着"记忆闪回"，他会在青天白日下看到妻子和女儿浑身是血的样子。阿军自嘲说："简直像是撞见了鬼！"他快要疯了，自杀的念头不断在脑海里盘旋。

创伤事件已经过去了两年，无疑属于过去。可是阿军从未让这件事过去，车祸现场的画面不断重演，就好像一直发生在此时此地。他的身体不断出现激烈的应激反应，显然是现在就要应对突发事件。

你可能会问，讲这种极端的例子做什么？"我没有PTSD，没见过恐怖袭击，没经历过地震车祸，也没眼睁睁地看着谁在我面前死去了啊！"

创伤可不仅来自偶发的、严重的刺激性事件，还包括在成长过程中经历的忽视、贬低、控制、欺凌等伤害。小的时候，父母总是吵架，摔盆碎碗，动手举刀，给我们造成的是创伤。因为吵架的父母虽然早已成为过去，可是我们现在一遇到可能与人冲突的情况就会下意识回避，一味忍让而从不表现攻击性，搞得自己痛苦不堪。我们真的分清了过去父母处理冲突的方式，和我们现在面对的情况吗？

在成长的过程中，父母只在乎我们的成绩，却不关心我们是否快乐，造成的是创伤。因为成绩好坏虽然早已不是我们生命的主题，但是我们现在与人交往时仍会很在意别人对自己是否满意，并因此觉得自己不够好，非常自卑，就好像我们遇到的所有人都是苛刻的父母。我们真的分清了童年时面对的父母和现在接触的人吗？

成年之后，心爱的人背叛了我们，还带走了我们的财产，这还是创伤。虽然我们可能已经再次组建家庭，可是当我们看到恩爱了 20 年的丈夫和一个女同事谈笑风生的时候，还是彻底崩溃了！并大发脾气。我们真的分清了过去伤害自己的人和现在忠诚的丈夫吗？

是的，我们也在经历"记忆闪回"，因此和在天灾人祸之后困在过去记忆中的人没什么太大区别。

伤痛为何总缠着我

然而，伤痛为什么难以分清过去与现在，让事情翻篇呢？"我曾经受到的伤害已经够大了，为什么还要一次次折磨我，给我的生活造成困扰呢？"

其实，伤痛之所以"没有时间概念"，其本意并非制造麻烦，而是为了保护我们。

大家听说过"情绪脑"和"理智脑"吗？当我们接收到来自外界的刺激时，这些信号会先在丘脑汇集，对画面、声音、温度的感觉帮我们形成一个"现在是什么情况"的大概印象，问题是怎么处理现在的情况呢？这就不归丘脑管了，而是由"情绪脑"和"理智脑"来判断。人做事情当然要兼顾情绪和理智。"情绪脑"也就是我们的脑干、边缘系统部分其实仍非常"原始"，主要作用是保障我们的基本生存需要，换句话说，它们是保命用的。而"理智脑"也就是前额叶负责比较高级的工作，主要用于做计划、使用自控力等。生活过得安逸的时候，我们更需要理智脑的功能，可是危机来临时，人就要靠"情绪脑"迅速做出反应了。比如说，当听到身后一声巨响时，我们最好不要站在那里分析这是原子弹爆炸还是煤气罐爆炸，想要活命管它什么爆炸了，撒腿就跑才是上策。所以，丘脑会将综合后的信号先发送给"情绪脑"，跑了再说，而给"理智脑"的信号则会送达得晚一点，以免过度思考耽搁逃命。

这就造成了一个问题，当大脑收到一个信号，比如，对于阿军来说，就是刹车声，丘脑说有一辆车在紧急刹车，然后马上将这个情况告诉"情绪脑"。"情绪脑"因为经历过严重的创伤事件，所以迅速做出"有危险"的判断，"完蛋了，车祸要来了！"先别管是发生在过去的车祸还是现在要面临的车祸，是撞向我的车还是驶向其他方向的车了，赶紧分泌肾上腺素逃跑要紧，所以阿军才会心跳加速，浑身出汗。这时"理智脑"在干什么呢？它本来就要慢半拍，加上经历过创伤的人其"保命机制"会增强，这时"理智脑"基本已经陷入了瘫痪状态。

同样，我们之所以把现在遇到的人都当成难以相处的"父母"，并因此把生活过得一团糟，也"得益"于这个机制。小时候，父母对我们有非常强的控制欲，过度干涉我们的生活。翻看我们的日记；没打通我们的电话时就会给我们的老师打电话，让我们丢尽脸面；每天捕风捉影，还时常通过"审讯"评估我们的早恋倾向。现在，当我们正和朋友聊天被问及："你周末和男朋友出去玩了吗？"我们的丘脑迅速判断"有一个人想要了解我的生活"，先问问"情绪脑"怎么办？"情绪脑"在童年被过度控制和探寻的伤痛下，会迅速做出自我保护的反应。我们没有先去判断提问的人和自己的父母有没有区别，而是"保命要紧，赶紧逃跑再说"！"哪有什么男朋友，快别说我了，说说你周末过得怎么样吧！"对方听后，可能会觉得我们很不真诚，"这人交了男朋友还不愿意告诉我，到底有没有把我当朋友！"当然，有时候逃跑也不太容易，"情绪脑"还会给我们出一招——战斗！"你为什么总是打听我的事，男朋友在加班根本没空理我，你满意了吧！"对方听后，很是恼火："我就是随便问问，关心一下，你发什么火呀？不知好歹！"对于这种情况，"理智脑"其实会告诉我们："没事的，这只是朋友间的闲聊，她并不是过度干涉你的妈妈，她并不想控制你！"但这是没有经历过创伤的人的能力，对于小时候不断体验被控制的伤痛的人来说，会先考虑"生死存亡"，之前的经历太痛了，大脑可不想再来一次，于是"宁可错杀三千，不可放过一个"！"情绪脑"的警报早已响彻云霄，而"理智脑"的声音自然消失在了其中。

总而言之，伤痛为了保护我们，就没打算让我们分清过去与现在。只有过去的痛苦不断重演，我们才能长记性！然而，这也让创伤性的事件、原生家庭的问题迟迟无法翻篇，进而把我们现在的生活搞得一团糟。那怎么能让"理智脑"重夺高地，安抚住受伤的"情绪脑"呢？我们先放一下，一会儿再讲，因为我们只说了问题的一半：伤痛是如何分不清过去与现在的。至于它是如何把我们的将来也葬送了的，我们还没有说清楚。

用过去的经验指导未来，困住了随机漫步的人生

　　人都有一种倾向，就是通过过去的经验来判断未来的走势。"上次他找我借钱没有还，所以我预期他之后也会这样做，我再也不会借钱给他了。""考了三次都没通过，还是不要报名下一次了，肯定还是考不过。"按这个逻辑，因为我们过去经历过或者现在正在经历伤痛，未来一定也会持续生活在痛苦之中！这听起来好像合情合理吧！

　　其实这根本没什么道理，正是因为我们这么想，过去和现在的伤痛才混淆了未来，让事情总是难以翻篇。

　　大家肯定都有这样的经验："我昨天和妈妈吃饭时很不愉快，她又唠叨我结婚生孩子的事！今天见面，我们又吵了一架，我说周末去看电影，她说：'有什么可看的，乱花钱！'我觉得她怎么什么事都要干预！苦恼愤怒之余，我已经在脑海里盘算换个工作离开家乡的计划了，再这么相处下去，天天都不痛快，日子还怎么过！可是第二天，等我回到家，就闻到妈妈做的红烧排骨的香味，一股暖流便从心间流过，她还是那个我爱过，正爱着，并一直打算爱下去的妈妈呀！"

　　昨天吵架让我们很受伤，今天被干涉也让我们很痛苦，可是这不等于母女关系会永远处于战争中。这也不是说在之后的相处中将再无矛盾，而是说我们没有必要因为过去的伤痛，一直像一只受惊的猫一样弓着脊背，时刻准备战斗。因为当我们预期将和一个人不断"战斗"的时候，就会持续处在一种应激的状态里，以至于总是会关注到："他说这句话是什么意思，是不是在针对我！""他这么做肯定是故意和我过不去。"我们时刻准备和他战斗，一点风吹草动都会被我们当作来自对方的挑衅。结果，双方的关系的确变得像我们预言的那样，矛盾不断。本来不过是两个人闹了点不愉快，说翻篇就翻篇了，这下却结下了梁子，说什么也走不出来了。

这样的例子比比皆是。"我得了抑郁症，非常痛苦，这事情是不那么容易翻篇的，但是通过药物治疗、心理咨询，总有好转的时候。"可是抑郁的人并不这么想，痛苦让他们从现在的经历不断推导出对未来的悲观预期："如果我一直抑郁下去，亲朋好友都会厌烦我的倾诉，谁都懂'久病床前无孝子'的道理，最后所有人都会嫌弃我、抛弃我。我昨天开会的时候，一直在溜号，无法集中注意力，这样下去，别说晋升了，工作能不能保住都很难说。到时候我没了收入，成为家庭的累赘，说不定会流落街头。在寒风凛冽中，我要去垃圾堆里翻找馊掉的饭菜，哪还有钱买药来缓解我抑郁的痛苦呢？"越这样想，越害怕、越焦虑、越抑郁，通过治疗刚刚取得的一点好转被硬生生扭转了回去，陷入抑郁的情绪走不出来。而如果你能明白，现在的痛苦不等于未来永远如此，焦虑和抑郁感就会减少，状态也将更容易恢复。

伤痛不仅分不清过去与现在，还将其与未来混为一谈。

不过说到底，这也是一种自我保护——如果我们能够最大限度地吸取过去与现在的经验，并因此推断未来、担忧未来、筹划未来，随时做好战斗的准备，是不是就能免受一些伤害了呢？

放弃过度的自我保护，
才能不自我伤害

　　如此看来，让事情翻篇，就是考验我们分清过去、现在与未来的能力。如何让过去真的过去呢？为了避免再次经历伤痛，人会在遇到类似事件时过度使用"情绪脑"，"理智脑"功能瘫痪。在过去，我们深深受到了伤害，所以我们全然不顾今时不同往日的事实、未来千变万化的可能性，执着地将现在所见之人、所遇之事当作过去的敌人对待。结果，本不是敌人的人也变成了敌人，本无须抵抗的事也变成了阻碍。

　　所以反过来说，想让事情翻篇，我们首先需要做的就是让"情绪脑"放松警惕，让"理智脑"恢复功能。不过"情

绪脑"的功能原始，我们同它沟通起来会比较困难，基本等
于对牛弹琴。所以，我们先来主要说说恢复"理智脑"功能
的方法。

当情绪来的时候，我们可以先做几轮深呼吸，这是最简
单的一个方法。丘脑大概搞清楚了当前的情况之后，会同时
征询"情绪脑"和"理智脑"的意见，只不过给"情绪脑"
的信息会早到一点点。所以，恢复"理智脑"的功能，我们
需要做的可能只是"等一等"，而等的时候深呼吸，可以平息
"情绪脑"的激烈反应，以免我们在情绪驱使下根本做不到耐
心等待，又被情绪占了先机。

几轮深呼吸之后，我们就会发现，情绪虽然仍存在，但
是理智也在线了。我们已经有能力告诉自己："哦，丈夫与异
性谈笑风生的画面令我非常嫉妒，可是理智告诉我他是一个
非常靠得住的男人，不是曾经狠狠伤害过我的前任，我没有
必要像疯了一样冲出去大呼小叫，那只会破坏我们的关系，
让我对于被抛弃的恐惧成为现实。"分清现在不是过去，对于
理智来说从来不是什么难事。

另一个方法则是讲述。讲述的目的不只在于理解，还在于让事情"过去"。当我说"我昨天吃了一个大西瓜""我上个月买过一束百合花""10 年前我从小学毕业"的时候，我在说什么呢？我在说事情已经过去了。虽然大西瓜的味道、百合花的香气、小学同学的样子都还历历在目，可是通过时间的定位、"了""过""已经"的使用，我知道那些事已经成了"过去式"。这就是讲述的重要性。每次想到小时候父母对我们的伤害，我们都会忍不住难过和委屈。可是通过一次次讲述："我上五年级的时候，爸妈离婚了，从此以后我就不停辗转于几个家庭，居无定所。"我们开始发现，事情真的已经过去了。虽然一想到对抗抑郁的经历，我们就忍不住恐惧于症状的复发，可是当我们开始讲述："一年前我被诊断为抑郁症，我通过心理咨询已经走了出来。"担心变得不再必要。语言一次次加固了我们拥有逻辑和时间观念的"理智脑"的功能发挥，而区别现在进行时、将来时和过去时对"理智脑"来说，也从来不是难事。

最后，则是一个"方法群"，包括了正念冥想、瑜伽、按

摩、舞蹈与颂唱等可以增强身心联结的方法。无论"理智
脑"和"情绪脑"如何运转,我们最后都是通过身体的反应
来自我保护,并因为过度的自我保护让事情无法翻篇的。之
前"情绪脑"掌控了我们的身体反应,不论"理智脑"如何
对我们的身体说:"今时不同往日,没有危险,请放松!"身
体却更愿意听信"情绪脑"的劝说:"别听它胡扯,听我的!
你才能安全!"而冥想、瑜伽等方法可以帮助我们进入身心
合一的状态,让身体更习惯于听从"理智脑"的指令,"理智
脑"对身体的控制能力增强了,"情绪脑"的激烈反应自然也
就没有用武之地,逐渐消退了。况且这些方法本身就有放松
效果,而当我们的身心全部处于放松状态时,"情绪脑"兴风
作浪的难度就增加了。将身体从放松状态调动进入应激状态,
那是需要能量的,与本就在应激状态里相比难多了。久而久
之,"情绪脑"发现自己说得口干舌燥,结果却是无人响应,
自然也就知难而退,适度"躺平"了。

不担忧未来，才能放下过去

接下来，我们再说说如何将未来从过去的伤痛中解放出来！

有一位来访者曾在青春期时遭遇性侵，14岁的她在放学路上，被一个不知道从哪里冲出来的男子紧紧抓住了胸部。等她回过神来，男子已经不知所终，她回到家中偷偷照镜子，才发现本来雪白的皮肤已经出现大面积淤青。她和我说这件事情的时候显得很理性："说实在的，这算不算性侵都很难说，事情已经过去那么久了，我早就不在乎了。"但是她告诉我，她现在非常焦虑，总是担心万一这件事被婆家人知道了该怎么办？万一自己的女儿也遭遇同样的事情又该怎么办？

为此，她不允许女儿离开自己的视线，失眠问题日益严重。

她真的放下过去了吗？显然没有。她只不过是用对未来的焦虑掩盖了对过去的耿耿于怀。

所以，让事情翻篇，有时候考验的又是人"不去焦虑、不去担忧未来"的能力。这恐怕还是需要"理智脑"的帮助的，只不过是从另一个维度。

"情绪脑"制造焦虑，让人担忧未来。而"理智脑"无疑可以帮人们想清楚：担忧这件事情实在很不"经济"。如果我们担心的事情真的发生了，那么我们之前的焦虑就毫无用处，还不如轻轻松松地生活，等事情真的来了再应对也不迟。当然，如果我们理智地回忆一下就会发现，从小到大我们担心的事情基本没有发生过，那些令我们痛苦不堪、招架不住的情况都是意料之外的，为了一个根本不会发生的"万一"折磨自己，更是没有必要。

在想清楚了这一点的基础上，将过去与未来解绑，有意识地对未来进行积极的预期，将会大大提升我们让事情翻篇

的能力。比如，那位 14 岁遭遇过性侵的女人，完全可以预期
"即便婆家人知道了我小时候的经历，也会心疼我而不是嫌弃
我。我的女儿会健康成长。"这个时候，她就不仅从无用的焦
虑中走了出来，更因为允许未来顺其自然，而真正地放下了
过去的痛苦。

　　伤痛为了保护我们，混淆着过去、现在与未来。而我们
为了走出伤痛，就必须学会放下自我保护的盾牌将过去与现
在和未来解绑，轻松应对并享受每一个当下。

第 8 章

不接纳，毁掉一个人

请不要在我痛苦的时候，
告诉我要快乐。

请不要在我软弱的时候，
告诉我要坚强。

请不要在我生气的时候，
告诉我要平和。

痛苦和快乐、软弱和坚强、
生气和平和，
它们是一枚硬币的一面与另一面，
请问，又有谁见过只有一面的硬
币呢？

——伊丽莎白·吉尔伯特

对一件事情，一个问题，久久无法翻篇，其中一个很重要的原因，在于我们还没有接纳它。或者说，一旦我们接纳了问题，问题就不存在了。

我们或许可以先拿情绪问题举例，因为如果你正在被抑郁、焦虑、恐惧等心理问题困扰着，那么你一定能与我产生共鸣。

十年前的一天晚上，我在睡梦中感到憋闷，醒来后呼吸困难、身体开始发抖，出现濒死感，深更半夜被救护车拉走去看急诊。现在看来，这是典型的急性焦虑、惊恐发作，对十年后的我来说没什么大不了，毕竟有时候，空腹喝奶茶导致血糖降得过快也会引起类似的症状。那时到了医院，医生给了个很温和的建议："没事的，回去多做一些放松训练。"然后，他连药都没有开就叫了下一位。

然而，你可能无法相信，就因为这么一件事，我开始了与情绪问题的"殊死"搏斗，时间长达五年之久。而这一切如今看来，完全就是由于我无法接纳那天晚上发生在自己身上的事情造成的。

对抗一个无处不在的敌人

惊恐发作这件事，虽然不致命，但是滋味实在不好受，那是一种无法救赎的恐惧，或者说是一种深入心底的战栗。和抑郁、焦虑等情绪问题一样，如果有得选，谁也不愿意经历。无论谁经历了，那个人最迫切的愿望都会变为再也不要经历，也就是彻底摆脱它。我也未能例外。

于是，我开始了一种不接纳的典型表现——"问为什么"。我的问题是，自己那天晚上到底为什么会惊恐发作，如果医生没有误诊，那么如此痛苦的经历用轻描淡写的几个字就可以解释吗？或许是因为那天晚上吃了麻辣火锅，或许是那天去看了刺激的电影，或许是……身边人大概看我思索得艰难，也开始帮我"寻找真相"：可能是敷了面膜过敏，可能是"灵魂附体"，众说纷纭。

大家千万不要觉得，这太好笑了。难道你就没在同事晋升了而你没有的时候问过为什么？"为什么是他不是我，是我能力不行？是他有过硬的关系？还是有人在领导面前说了我的坏话？"或者在你发现另一半出轨的时候是不是也问过为什么？"为什么这件事会发生在我身上？为什么他会背叛我？是我让他厌烦了，还是他真的变了？"

大家肯定和我一样无数次地问过，因为"问为什么"可以让我们有一种掌控感。我们认为，如果我们知道了现在困扰自己的问题和无法翻篇的原因，我们就可以从源头控制住它，不让它发生了，我们就能彻底摆脱这一切！

然而，当我们因为无法接纳现状，而去问为什么的时候，只会导致两个后果。第一，得不到确切的答案。如果我们问自己或别人为什么会抑郁？无论是原生家庭的问题、认知缺陷、多巴胺代谢紊乱还是气血不足，我们的确会得到很多答案，哪个都有点帮助，但哪个都不会彻底解决问题。第二，即使找到答案，问题仍不可控。若我们遭到了另一半的背叛，并且找到了问题产生的准确原因：对方变了！那么我们在今后的生活里如何确保爱人永不改变呢？确保不了，所以两个后果统统指向一个结果：无力感。我们不想再感受痛苦，于是就想从源头消灭产生痛苦的因素，结果却发现，我们谁也消灭不了，因为"为什么"背后的恐惧只存在于我们心中。而"心魔"，就是一个无处不在的敌人。

不接纳造成次生灾害

　　问题如高山岿然不动，我们纠缠着问题非要和它掰扯个明白，乍一看是"勇敢者"的姿态，但是过不了多久我们就会发现，因为无法接纳现状，所以试图通过问"为什么"让问题翻篇的尝试，除了令我们自己精疲力竭别无他用。

　　但我们是不会善罢甘休的，既然针对过去的掌控无效，问不出问题产生的原因，那么我们还会将关注点转向对未来的控制。于是我们又开始提新的问题："万一抑郁的情绪又来了怎么办？""如果我总是走不出情绪困扰怎么办？""会不会每次晋升的都不是我，我的人生是不是从此一败涂地？"

　　这就陷入了恶性循环，如果说过去尚有迹可循，关于未来又有谁真能掌控呢？因此焦虑感随之产生，不接纳产生了次生灾害，担忧成了生活的主旋律。

"明天我要做一个重要的发言，会不会又像上次那样紧张得说不出话来？"心念一动，人就迅速进入应激状态，呼吸困难、心跳加速。事情尚未发生，我们却已经开始紧张了。

"明天早上起来，我还会体验到那种消沉的抑郁状态吗？到底该怎么办，我不想体验它。"这样想着，吃饭的时候我们就感觉不到食物的美味，和朋友聊天的时候也会心不在焉，这就好像和抑郁谈起了恋爱，我们的脑海里是它，心里也是它，眼前的一切都是它。此时，我们又被问题缠住了，这篇算是翻不过去了。

南怀瑾记录过这样一个故事。一位女士在课间休息时迫切而慌张地向他走来，恳求他救救她。"老师，我被鬼缠住了。找了好多大师、吃了好多药，都没有用！你一定要帮帮我。"南怀瑾听后，对这位女士说："不是鬼把你缠住了，而是你把鬼缠住了。"据说这位女士听后若有所思，非常困惑。

也许我们可以把这个故事改成我们当下的状况。我们被一个问题困住了，可能是情绪问题，也可能是现实困扰，于是我们去找智者，说："老师，我被一个问题困住了。我非常想解决它呀，我想找到问题的根源，我想通过对未来的计划去掌控它，但都没有用！你一定要帮帮我！"智者听后，却对我们说："不是问题把你困住了，而是你把问题困住了。"

不要让问题像大山一样无法改变

　　说完了情绪困扰，我们再来说说现实问题是如何因为不接纳而变得无法解决的。

　　我给大家再讲一个发生在我身上的例子。几年前，我的丈夫被调到了一个新部门，加班成了他的常态。你说996？不，你太小瞧这份工作的强度，和他对待工作认真负责的态度了。当时我白天晚上都见不到他，家里的大事小情通通落在了我的身上，陪伴的缺失让我这个在关系中极度需要情感满足的人备受煎熬。

我的另一半因为工作原因，无法陪伴我、满足我的需要，我没法接受这个现实。虽然我没有"一哭二闹三上吊"，但是那时两个人的确常吵得难以收场。他说他也没有办法，身不由己。我说还是你自己想要这样，不然谁能把你绑在椅子上逼你加班到凌晨！

我有点记不清这个问题困扰了我们多久，但我记得很清楚的是，我一度以为，这个问题大概要永远僵持不下，这个冲突将永远横在我们中间无法翻篇了。

但是后来我累了，我想反正我也改变不了他、解决不了这个问题，还是让自己和对方都开心一点吧。他加班回不来，我自己就找点乐子，看个电影，联系一下老朋友。他下班回来我就珍惜那有限的时间，和他聊聊天。出乎意料的是，有一天他突然对我说，他很不喜欢现在的工作状态，觉得生活毫无品质，想要改变这种除了工作还是工作的生活模式。

我在吃惊之余，深深地感慨于接纳的力量。我终于明白，当我无法接纳丈夫加班的现实时，我就自己创造出了一个问题，同时，我还在两个人中间占据了"改变者"的位置，然而如何平衡工作和生活是他的人生课题，唯有我让出了这个位置，他才有可能坐上去，让改变真实发生。

可是如果我一直不能接纳呢？我就会不停地告诉自己，事情不该是这样的。我想要改变事件本身，可是那并不受我的控制。我是自己生活和行为的主宰者，这是我唯一可以动的棋子，而不接纳会让我拒绝走出僵局，毕竟我要改变的是我无法改变的现实，而不是我自己的固执想法。最终，僵持在顽固的心态下，问题永远不会出现转机。

接纳问题，问题就会消失

不接纳，会让你陷入与问题的持续对抗。不接纳，会催生担忧与焦虑的次生灾害。不接纳，就会因为不改变而陷入僵局。问题无法翻篇，痛苦只会愈演愈烈。然而，到底要怎样去接纳呢？

当我身处抑郁之中时，因为消沉、低落，对什么都缺乏兴致，甚至感到生不如死，我能做到接纳吗？难道不去找寻抑郁的根源，不去试图解决问题，也不担心抑郁在未来造成的破坏性影响，不尝试早做准备，只是让"痛苦去痛苦着"？

当我的孩子因为厌学而休学在家，我到底要怎么做到"接纳"？难道眼看着他被同龄人落下，有一天追悔莫及？

其实，只要我们彻底理解了为什么接纳会让问题消失，自然就有了答案。

接纳什么，什么就会消失，最根本的逻辑在于，我们不接纳的痛苦、对抗的逆境，并非什么客观存在的事实，而是我们心灵的产物。我们在内心制造了一个问题，把自己分裂成了痛苦和消除痛苦者。

比如，因为我们过去体验过抑郁的痛苦，于是总是想要消除它，不想让它在未来出现。可是抑郁在哪里？我们恐惧的、不接纳的那个东西到底在哪里？去问问这个问题，我们会发现，"哦，全部在我的身体里，是我的心理世界制造了这个问题。"再比如，我们无法接纳父母带给自己的伤害、急于摆脱这种痛苦，可是被伤害的感受到底在哪里？在我们的记忆里，也就是全部在我们这里。我们总以为有一个真正的敌人存在，却没有发现，一切不过是意识的产物。然而，如果我们可以接纳这份痛苦，就意味着我们从分裂的状态走向了合一，在我们的内部再也没有痛苦和对抗，而是全然的完整。

　　所以，如何接纳？答案是活在当下。首先，这意味着我们活在当下的感知里，"是的，我曾有过惊恐发作，未来还可能发作，但是我活在当下，此时此地我是平静的。阳光那么好，风那么温柔，对面的人如此可爱、带着微笑。""是的，我的丈夫忙于工作很少陪伴我，但痛苦是因为我把这个情况解释为'不爱'，却没有发现，空气很清新，鸟儿在歌唱，我躺在自己的大床上，吹着空调盖着棉被，内心不胜喜悦。"

　　而活在当下意味着放下评判的心境。"我为什么不能接纳抑郁情绪的存在？因为它是痛苦的，痛苦的就是不好的，不好的就是要彻底摆脱的！"一连串的评判，会让接纳变成不可能。然而，到底什么是好的、什么坏的？什么是对的？什么又是错的？如果没有抑郁的感受存在，我们怎么能知道什么是欢欣？如果没有紧张的情绪存在，我们怎么能知道什么是放松？我们不是拥有了"抑郁"这个坏东西，而是拥有了一种体验——抑郁的感受。这种感受是我们作为一个完整的人，一个能够完整体验快乐、恐惧、悲伤、期待、愤怒、惊喜……所有这些感受的人，必然会经历的东西。正因为它不好也不坏，所以我们才能够带着好奇去问一问："这种感受想要告诉我的是什么呢？我可以做些什么让自己感觉好起来呢？"而不是因为迫切地想要消除它，无法接纳它，而让问题无法翻篇。

老子说："道生一，一生二，二生三，三生万物。"你有没有思考过一个问题，就是"道"这么圆满，它生出万物是为什么？这时世间有了美、丑、好、坏、快乐及痛苦。这都是为了体验与创造。

"道"因为自身便是圆满，没有好与坏的分别，而无法拥有体验。唯有把这个世界变得相对，有问题的困扰，也就有解决问题之后的喜悦；有残缺，也就有圆满；有快乐，也就有痛苦……体验才能出现。人因痛苦的鞭策和喜悦的激励而不断改变现状进行创造，才产生了精彩的大千世界。所以，生活的目的是顺应自然，接纳问题的存在，并创造性地解决问题，和"道"一起"三生万物"。而不是退回去说："我不接纳痛苦和问题的存在，'道'呀，这'一生二'的阶段你能不能收回去！"

去体验而不是去评判，也就是没有分别地去对待发生在
自己身上的一切。这样，我们才能走出制造问题的困境，充
分享受人生中的所有境遇。于是，我们到达了一个没有问题
的境地。不是我们消灭了问题，而是我们因为接纳不再创造
问题。

如果实在接纳不了，
至少不要去"祈求"

　　当然，万事都要退一步说。接纳的态度是一个人让问题翻篇的重要一环，但往往也是一个人终其一生的修行。我们都知道溺水之后，只要接纳这个事实并放松，人就会在浮力的作用下浮上来而得救。可是有几个人能够真的做到"不扑腾"呢？"物来则应，过去不留"的态度能有几个人真的拥有呢？

　　所以，如果真的一时半会儿做不到接纳，我们该怎么办呢？我们还能做点什么，让问题翻篇呢？

　　如果实在接纳不了，请至少不要去"祈求"！

当一个问题迟迟无法得到解决，甚至因为不接纳而越发严重的时候，人会变得无助，"祈求"成了一种本能。"啊，快让我的情绪问题好起来吧！""谁能帮帮我，让我摆脱财务困境吧，我真的快要过不下去了！"这看起来是在表达美好的愿望，其实却是在加深对问题的不接纳。我们越是祈求，就越是会焦虑于自己无能为力的现状，越是会看到生命的匮乏、问题的严重，越是会将改变的责任寄望于某个强大的力量而不是开始改变的行动。

我们需要做的是，去关注我们真正想要的东西——问题得到解决后的状态，而不是无法翻篇的问题本身。如果我们一时做不到接纳抑郁的情绪，那么就去关注良好的情绪、对世界的好奇心，而不是嘴上说我要摆脱抑郁却不停地关注自己的抑郁情绪。

这里有两个方法，我们可以试一试。第一个方法，看见问题的另一面。还拿情绪问题举例，当我们深陷焦虑时，我们真的做不到接纳它，好，请先不要想着对抗还是接纳，而是想着我们想要的状态是什么——平静而惬意的感觉。太好了，其实我们已经找到了！那就在生活中不断地看到这一部分吧。比如说，"今天和狗狗在一起的时候我感受到了平静。""我今天出门的时候竟然没有感到恐惧！""这个星期我感到平静的时间比上个星期长了两个小时，真的太棒了！"这个时候，我们才真的抛开了和焦虑的爱恨纠缠，才真的是放下了焦虑，欢欣鼓舞地拥抱平静与惬意去了。

第二个方法，假装问题已经被解决了。我们考试失利了，非常痛苦，走不出来。"为什么会这样呢？"我们不停地追问自己。接受不了这个现实？好，请"假装"自己已经走出了这个打击，走出了失败的阴影。是的，"假装"，"假装"自己在考试中取得了非常优异的成绩。"什么？这不是自欺欺人吗？"如果实在做不到，我们可以告诉自己："我正走在取得优异成绩的路上！"这样思考真的很重要，当我们相信问题已经被解决了的时候，我是说真心地相信，我们就会从与问题的对抗、对问题的强化中走出来，并且更容易在生活中发现问题正在被解决的线索，更愿意在生活中真正去行动，从而解决问题。

我们可以把这理解为美国社会学家罗伯特·金·莫顿提出的"自证预言效应"。人们先入为主的判断，无论是否正确，都会影响人的行为，以至于让这个判断成真。比如，我认为我丈夫很爱我，我就会对他更好，他感受到我的爱意就会真的越来越爱我。而如果我认为我的丈夫不爱我，我就会时不时攻击他，他感到我的敌意就会越来越讨厌我，而我会以为自己一开始的判断就是对的。

所以，如果实在做不到接纳，请至少不要去"祈求"问题赶快好起来、"祈求"困难赶快被解决，也就是不要既不允许问题存在，又与问题紧紧纠缠，一刻也无法将其放下。

第4章

别太把自己的想法当回事

一个人若能观察落叶、鲜花，
从细微处欣赏一切，
生活就不能把他怎么样。

——威廉·萨默赛特·毛姆

你有没有过这样的经验，早上起来的时候精力充沛，想到任何事情都非常乐观。比如，"哇，下周要出去玩了，真开心！"或者，"下个月的考试，努力复习一定会通过！"可是到了晚上，当你被工作、学习、家庭事务摧残了一整天，已经精疲力竭的时候，再想到这些事情就会变得非常悲观。"哎，下周要出去了，真的会玩好吗？会不会天气又热，人又多？听说当地治安不太好，我会不会遭遇抢劫？""下个月就要考试了，我还有那么多书没有看，明知道没有时间复习，真不知道为什么要花这个冤枉钱报名！我妈说得还真对，我做事情没常性，三天打鱼两天晒网。过日子不知道节俭，脑袋一热就把钱花了。"

不过是早八点和晚八点的区别，你对一件事情的想法就会有这么大的差别。所以，到底早上的想法是"对的""真的"，还是晚上的想法是"对的""真的"呢？其实，没有哪个想法是"对的""真的"，它们都只是想法而已。就好像早上天空中像雄狮的云彩和晚上天空中像猴子的云彩没有哪个是"对的"一样，它们只是云彩而已，飘过去就算了。

但是如果你把某个想法，尤其是悲观的想法太当真的时候，往往就会制造问题，一个无法翻篇的问题。

"想法"是最靠不住的东西

自卑的人被"我什么都做不好，别人都看不起我"的想法困扰着。抑郁的人被"我的问题永远好不起来了，最终我会穷困潦倒露宿街头"的想法纠缠着。没有安全感的人被"这个世界上没有人爱我，谁都是靠不住的，一切都要靠自己"的念头捆绑着，有死亡焦虑的人被"人总是要死的，人生有什么意义"的思考折磨着。

我们经常认为是自卑的事实、抑郁的问题，导致了这些非常"正确"的想法，却没有发现，是这些想法让我们困在问题中走不出来。

诗涵已经被"自卑"的问题困扰多年了。她觉得自己长得不够漂亮、家庭条件也不好，虽然现在在大城市有一份收入不错的工作，但是和那些含着金汤匙出生的同事一比，自卑感就产生了。"我什么都不如别人，身边的同事更是看不起我！"她常常这么说。

于是我问她："除了出身不如别人，你还有什么别的地方不如别人吗？我听了半天，除了家庭条件差一点，你好像学历比他们高、能力比他们强、晋升也比他们快。"

她支支吾吾了半天，什么都没说出来，最后有点恼羞成怒地问："出身不如别人还不行吗？你还要我什么不如别人！"

对于她的愤怒，我觉得有些好笑："我不是要否认你的自卑感，只是你一直说自己什么都不如别人，但我看到的事实是，你只是在出身方面不如别人而已。"

后来我们又探讨了"身边的同事都看不起我"的问题，我问她："大家是怎么看不起你的？"

她说她知道同事下班后会有一些小圈子的聚会，但是自己从来没参与过。

"你是说，因为你的家庭条件不好，所以大家都排挤你，不带你玩是吗？"

"是的。"她回答得很笃定。

"他们一次都没邀请过你吗？或者你主动邀请过大家晚上一起出去玩吗？"我继续询问。

"我刚来的时候，有人邀请过我一次，不过我不太喜欢那个女孩，觉得她咋咋呼呼的，很不稳重，就拒绝了。主动的邀请倒是没有，毕竟人家瞧不起我，我为什么要自讨没趣。"

"你是说，你从来没有邀请过别人，而在别人邀请你的时候又拒绝了。我怎么觉得这更像是你看不起别人，而不是别人看不起你呢？"

我知道无论是在心理咨询还是日常生活中，接纳都是最重要的东西。但是很多时候，我还是会带领对方去重新看一看自己内心"理所当然"的想法。我不是想要告诉她:"你不该自卑,你是在无病呻吟。"我只是想说,"想法"是一个靠不太住的东西,所以别太把它当回事。

你说"我什么都不如别人",其实事实只是"我的出身不如别人"。你说"身边的同事都看不起我",其实事实只是"我觉得身边的同事都看不起我"。或者说唯一真实的是你没有参加过同事间下班后的聚会。至于原因,可能是因为你来之前人家的小圈子早就形成了,不欢迎外人,也可能是人家派了最善于社交的使者来邀请,你却因为不喜欢这个人的性格而拒绝了。当然,我不排除大家排挤你的可能,但那只是一种可能,是你把它变成了一个绝对的念头,并因为这个想法而感到难过,让小时候家庭条件不好导致的自卑感——这个早该因为你的成长而成为过去的问题,迟迟无法翻篇。

不是与"想法"辩驳，
而是与"想法"拉开距离

　　说到这里，很多人容易陷入一个误区，就是开始与自己的想法辩驳。如果说，"我什么都不如别人"的想法加深了自卑感，让自卑的问题无法改善，以及"别人都不值得信任，凡事还是要靠自己"的想法让自己没有安全感的问题无法翻篇，那么很自然我们会得出一个结论："我的想法是错的。"既然我们的想法是错的，我们就要与它对抗。从此之后，一想到"我什么都不如别人"，我们就会告诉自己："还想！还想！都是因为你总是这么想，你才会自卑的。一个想法你都管不住，你说你到底有什么用！你还真是什么都做不成！"

很显然，这对解决问题于事无补。

　　所以，别太把自己的想法当回事，不是说我们要消除这些导致问题的想法，与它们对抗、辩驳，因为当我们这样做的时候，还是太把它们当回事了。我们要做的是与想法拉开距离。什么叫拉开距离呢？我给大家举一个例子。有一天，你带着孩子去超市，他因为你没有给他买糖果而大哭大叫，满地打滚，你就会很"上头"，火冒三丈，恨不得踢他几脚，把他扔在超市里不管。可是如果有一天你去超市，看到别人的孩子因为什么事情而大哭大叫、满地打滚，你就会觉得，这个"熊孩子"还挺好笑的，或者完全没有感觉，只是冷眼旁观地走过。为什么这个时候你可以这么冷静？因为你让在地上打滚的"熊孩子"消失了吗？因为你成功地让哭闹的孩子平静了下来？都不是，而是这个时候你与这个孩子的情绪是有距离的。因为有距离，你就不会被它影响，更不会因此情绪失控。

　　与想法拉开距离，也是这么回事。我们不是要消除这个想法，更不是明明心里想的是"我什么都不行"却非要每天

大声对自己说 10 次"我真棒！我真行！我真厉害！"来自我
激励。而是我们知道自己有一个想法，这个想法是"我什么
都不行"，好，有一个想法就有一个想法呗，我们每天都会产
生很多想法：我们可以想"我是一颗苹果"，可以想"我是世
界上最美的仙女"，想什么都行，这些想法其实和"我什么都
不行"并没有本质区别。重要的是，我们要理解，我们只是
"有"一个想法，而不是我们"是"这个想法。因为距离，所
以我们可以不对这个想法做出反应。

不把消极想法当回事的咒语

　　我在这里为大家介绍几个与消极想法拉开距离的方法。为了便于理解，我们还是结合一个现实的例子。

　　英健是我的一个来访者，29 岁，人如其名，英俊潇洒、健硕迷人。抑郁的母亲、无法交流的父亲、失业等种种原因，让他被抑郁的问题困住了。像很多抑郁症患者一样，他非常担心自己有一天会一贫如洗，成为家人的负担。这个想法令他恐惧，并因此他总是在生活中观察家人对他的态度，试图尽早掌握身边人对他不耐烦的迹象。妻子的一句抱怨、父亲的一次皱眉，都会加深"因为抑郁与贫穷，我的家人会嫌弃并抛弃我"的想法，而这样的想法无疑又在加深他的情绪问题。

这个时候，英健可以做些什么，与这些让抑郁问题无法翻篇的想法拉开一些距离呢？最简单的，念一句咒语："我允许自己拥有这样的一个想法，但是我不是我的想法，我的想法也不是我。"是的，就这么简单。提醒自己，"因为抑郁与贫穷，我的家人会嫌弃并抛弃我"只是一个想法，我们还可以想"因为抑郁与贫穷，我会更加感受到家人对我的不离不弃""说不定我的抑郁明天就好了，工作后天就找到了，根本没有机会去考验人性"，这些想法哪个是真的哪个是假的、哪个是对的哪个是错的，不知道，它们都不过是想法、字符串而已，别太当真。

除此之外，我们还可以运用一点想象力，想象力就是疗愈力。911 事件后，很多人因为目睹了这一灾难而产生了不同程度的创伤。然而，有一个小孩子在亲眼看到无数人从高楼上掉下来的画面后，并没有表现出创伤后的应激反应。为什么会这样呢？心理咨询师在他对灾难现场的画中找到了答案。画面上的确展现了灾难现场，可是孩子也用想象力创造了一个巨大的蹦床，那些从楼上掉下来的人被这个巨大的蹦床接住了，并愉快地在上面玩耍。这就是想象力的疗愈作用。

那为了避免想法对我们造成的"持续创伤"，想象力也是必不可少的。我想邀请你闭上眼睛，做几轮深呼吸，想象自己躺在一片美丽的草地上。空气的温度让人非常舒适，太阳晒得你暖烘烘的，不时还有凉风吹过。你只是躺在这里，看着蔚蓝的天空中一片片白云飘过。有的时候它们飘得慢一些，有的时候它们飘得快一些。然后，将困扰你的那个想法放到一片云彩上，或者去想象这个念头变成了你头顶的一片云彩。你只是看着这个想法飘过，看着它越飘越远。

这是一个非常简单的小练习，如果你已经熟练掌握，我想邀请你继续动用你的想象力，去与这些制造问题的想法拉开距离。比如，如果你在草坪上躺累了，不想继续看云彩了，你可以想象自己将这片云彩装进了一个密封盒，并将这个密封盒放在了一个火箭上。"嗖"！你把它发射到了外太空。也就是说，在今后的生活里，即使你没有刻意地去与这个想法拉开距离，这个想法也不会再来困扰你，为你带来无法翻篇的问题，而是自己在遥远的外太空漂泊。当然，你也可以把这个困扰你的想法放进电视里，去想象一个你见过的最幽默的人正在用一种搞笑的方式说出这个想法。重要的是发挥你的想象力，不要被我的引导限制住。总之，找到一种与这个想法玩耍的感觉，而不是被这个想法控制。

现实并不残酷，
而是总能疗愈人

　　我们一上来就说，太把一些想法当回事，正是很多问题无法翻篇的重要原因，并且迅速给出了如何"不把想法当回事"的方式。反正别管为什么，先与制造问题的想法拉开距离，把这个篇翻过去再说。

　　然而，最终我们还是要问，为什么一个人会陷在想法中无法自拔呢？答案是他与现实脱节了。比如，一个人陷入了虚无主义，总是想"人生毫无意义"。从这六个字我们就知道，这个人根本就没活在"现实"里。同样是六个字，"百合花真好闻""同事令人心烦""吹空调真舒服"，都是"现实"

的、言之有物的，可是什么叫"人生"，什么又叫"意义"，这太抽象了。如果这个人能再次走进现实里，去品尝美食，和朋友打麻将，问题可能就翻篇了。

再比如，有的人被孤独、人际关系的问题困扰。他总觉得"没有人是可靠的，我不能将自己脆弱的一面暴露给别人，不然别人一定会看不起我。我不能把我的秘密告诉别人，不然别人肯定会将它不怀好意地泄漏出去。"然而，如果你问他："你将自己脆弱的阴暗面向别人暴露过，告诉过别人自己的秘密吗？"他只会告诉你："从来没有。"也就是说，他根本没有在现实中尝试过，就得出了结论。或者只是尝试过一次，受了伤，就得出了普遍性的结论。你说这是不是与现实脱节了呢？

然而，一个人为什么会与现实脱节，宁愿活在一个令自己痛苦的想法里，也不愿意去现实中寻找疗愈呢？

首先，为了自我保护。我们都知道，一个想法再令人痛苦，也是"安全"的。它就是一个想法而已，本质上伤不到人。我们再怎么不断地想："没有人值得信任。"也不会让我们在现实中真的遭遇暴力和背叛。不仅如此，这种"谨慎"的想法还会让我们避免与人接触，让现实中被伤害的可能性变为零。可是放弃让自己陷入问题的想法，去现实里与人接触就不一样了，虽然我们大概率会因此发现自己的想法是错误的，找到疗愈，但也意味着在集体中受到排挤、遭到朋友背叛、被尊敬的人贬低的可能性，处处都可能是伤害。这是不是很可怕？

其次，控制能带来全能感。我们知道，人际关系中久久无法翻篇的问题，往往来自一个想法："他肯定是这个意思！"婆婆说："你要多吃一点，这样奶水才会好！"于是我们觉得："她的意思就是，我是为他孙子服务的呗，我吃多吃少、吃什么，要考虑的都是能不能产奶，而不是我想吃什么、吃得舒不舒服。"同事说："我下午有点事情，有个紧急的工作能帮我一下吗？"于是我们会想："他的意思就是我最好欺负，活该给他当免费劳动力呗！"楼下阿姨说："你家有快递到了，赶紧拿上去吧！"于是我们又会想："就是嫌我占了她的地方呗，这么死催活催的！"别人真是这个意思吗？其实不好说。婆婆可能只是没话找话，同事找我们帮忙可能是觉得和我们的关系最好，楼下的阿姨也可能只是热心肠。

如果我们能够真正去了解对方的意图，就会发现现实并没有我们想的那么残酷，而是充满了疗愈。但是我们会固执地想："他肯定是这个意思！"并因此认为这个人真讨厌。而当我们觉得一个人讨厌的时候，必然会在行为、话语上故意与他过不去，并认为他的每次行为、每段话语都是带有恶意的，最后搞得关系越来越差。这在心理学上被称为"投射"，就是我们把自己内心的想法安在他人身上。为什么要投射呢？答案是控制。如果别人和我们想的一模一样，换句话说，我们完全知道对方的想法，我们是不是就能够在关系中找到一种掌控感呢？当然，这背后可能还是需要安全感、想要自我保护的意图。

最后，一个人之所以与现实脱节，而被困在了一个想法中，还有一个哲学而非心理学领域的解释，就是语言在我们的大脑里"癌变"了。比如，虚无主义说："人生毫无意义。"

什么叫意义呢？意义这个词的用法是建立在"行为与他人"之上的，我们今天帮助了别人，这就很有意义。可是"人生"是个名词而非动词，在这个名词中也不存在他者，怎么能问它有什么意义呢？这个提问方式本身就是有问题的。就好像我们去问："苹果有什么桃子？"这不是胡说八道吗？我们却常问得津津有味。

打开感官，切实投入生活

幸运的是，无论我们出于什么原因，脱离了现实生活，在头脑里制造了什么无法翻篇的问题，现实仍然总是等在那里，随时准备告诉我们真相，给我们疗愈。

那一个人要如何跳出想法，进入现实呢？最简单的方法就是，用身体投入生活。想法会骗人、会制造问题。但是身体的投入从来不会，反而会给我们带来实实在在的幸福感。比如，为什么每天订外卖的生活带给人的幸福感，要比我们亲自去菜市场挑选食材，回来后一家人你洗菜、我切菜，最后端着热腾腾的饭菜上桌的幸福感差很多呢？这就是因为缺少身体的投入。为什么我们从商场买一个几千块的包，几天就厌倦了，可是我们亲手缝制的那个却怎么看怎么有韵味呢？这也是因为前者缺乏身体的投入。为什么我们会更爱那个自己为之做过很多傻事的人，而不是那个为我们默默付出的人呢？还是因为身体的投入。所以，不要吝惜自己的精力，不要害怕付出没有回报，不要万事都讲究效率与效果，用身体投入生活，这份投入会让我们跳出头脑中乱七八糟的想法，感受到生活幸福的一面。而当我们兴冲冲地投入生活时，头脑制造的问题自然就翻篇了。

其次，就是打开感官。大脑的构造决定了我们是很难一边体验一边思考的。不信可以试试，专心地去体验一下这本书的触感、味道、观察它的颜色，这个时候我们会继续想"这个世界上没有人值得信任""他一定是在针对我"吗？很难。所以，想要不被脑海中的想法困扰，我们需要做的是打开感官。这里有很多正念的方法可以使用，比如，将注意力放在呼吸上面。或者在吃饭的时候专心致志，观察食物的纹理、颜色，闻一闻它们的味道，听一听咀嚼它们的声音，体验它们在口腔内的触感，感受食物进入胃里的感觉。再比如，在走路的时候，专注于脚与大地的触感等。这就是真真切切，会让我们莫名升起喜悦的现实，让我们不被头脑中问题所困的现实。

让想法像云彩一样在远方自由地飘浮，而我们在当下享受着真实的幸福。世上本无事，只要我们别太把想法当回事。

第二〇章

需要翻篇的不只是苦难，还有成功

过去的，过不去的，
最终也都会过去。

那些你想不通，看不透，理不清，
忘不掉，放不下的往事，
到最后，岁月都会替你轻描淡写。

你熬得过山重水复，
岁月自会赠你柳暗花明。

——杨绛

说到"翻篇"，我们想到的总是让痛苦与困难翻篇，要是人生中发生了一件大好事，那是谁也不想翻篇的，最好能永远留在快乐与巅峰里才好。然而，这种心态常常会制造问题。

让我印象非常深刻的是与一个抑郁症患者的交流。我遇到他的时候，他刚刚离婚、失业在家，强迫性的穷思竭虑让他整个人都显得有些疲惫。但这并没有影响他来见我的时候，把自己收拾得非常体面，不俗的穿着，绅士的发型，彰显身份的配饰。有时候他会和我倾诉自己现在的痛苦，但在更多时候他会陷入回忆，讲述他曾经以多么好的成绩考入了世界排名前十的大学，在学校的辩论社如何一展风采。毕业后，他是多么顺利地找到了人人羡慕的工作，和高学历、高颜值的妻子办了一场轰轰烈烈的婚礼、周游世界。

"可是现在……"回忆总是以这个句式结尾。渐渐地，我发现，在导致他抑郁的自我攻击里、他穷思竭虑时对自己能力的怀疑里，有很大一部分来自这样一种想法："曾经那么厉害的我，现在竟然混到了这种程度，真的是让人太难以接受、太丢人了。无论是学历，还是工作经历，都不再说明我是一个有能力的人，而是更加凸显了我是一个失败者。"有一次，他强忍着难以启齿的羞耻感告诉我："老师，你知道吗？很多人说能从我的母校毕业这件事，就是一生的谈资，我之前也这么认为。可是现在，我都不愿意让人知道我是从哪里毕业的。"

所以你看，需要翻篇的从来不只是苦难，还有成功。

复制的，永远没有第一个好

人并非要等到一败涂地，才会意识到成功带来的束缚，而是成功这个东西本身就束缚人。大伟是我的一位来访者，也是一名歌手。非常幸运的是，他 18 岁的时候就小有名气了。他告诉我那个时候他整个人都是飘的，觉得自己大展宏图的机会来了，说不定 20 岁就可以实现所有歌手的梦想——举办世界级的个人巡回演唱会。

然而，事情和他想象的完全不同。成名后的第二张专辑，销量惨淡。"很多人说是行业形势不好的原因，可真的是这样吗？是不是我江郎才尽了？"他总是这样怀疑。于是，他开始分析自己的成名作，试图复制。结果可想而知，歌曲越做越差。毕竟我们都知道，复制的，永远没有第一个好。也就是说，成功的感觉是那么好，我们想要留住它，却被它困住了，因为关于如何留住成功，我们能想到的最简单的方式就是不断地复制它，结果却是不论我们如何努力，都无法超越第一次的辉煌。

所以，我们需要让成功这件事翻篇，让它彻底过去，这样我们才能放手去创造新的东西。然而，让一个人放下过去的成就，再次走进前途未卜的创造中，很多时候是和放下过去的伤痛一样困难的事情。这个时候，掌握一些方法就是必要的，比如，养成一种在生活中不断询问自己"我可以做点什么没有尝试过的事情"的习惯。

人们常讲"做事情要持之以恒"，可是却少有人告诉我们，当持之以恒地做一件事取得了一定的成就之后又要做点什么。继续持之以恒吗？当然可以，但是这样做只会让我们因为成功成为过去而懊恼，却无法让我们在喜悦逐渐散去的时候，以此为基础再创辉煌。

　　而有意识地在生命中引入新的元素，可以帮我们很好地让成功翻篇，兴致勃勃地投入未来。我种过球兰，经过很长时间的摸索发现，这种植物在大盆里并不爱开花，反而是把它种在小盆中，当年就能开花。没错，在让球兰开花这件事上，我成功了。它一年开上一两朵，我很满意。可是有一年，不知道是不是气候的原因，过去的经验失效了，小盆换了小小盆，可是球兰不但不开花，连叶子都打蔫儿了。这可把我急坏了，于是我想，问题会出在哪里呢？为了让它开花，我还可以尝试些什么没做过的事情呢？我上网查了一下资料，发现原来干旱的环境可以促进球兰开花。我这才放弃了对于过去经验的执念，积极地投入了新的尝试中，结果那些过去一年开一两朵花的植物，竟然在这一年"爆盆"了！

　　然而，如果我固守着过去的成功经验不断复制下去，小小盆换小小小盆又会怎么样呢？或许只能懊恼地看着养了多年的植物枯萎，最终用"失败"定义这段养花经历吧。

　　新的尝试不一定每次都可以成功，但至少可以让我们带着期待投入下一段旅程，让成功成为过去，使我们不再受其所困。

成功不是一种结果，
而是不断行动的勇气

      无法翻篇的成功除了让我们不断停留在过去的模式里，无法创造新的"成功"，还可能会让人彻底失去行动力。这其实很好理解，成功过的人往往都有"偶像包袱"："哎呀，我要是下一次没有上一次做得好，那多丢脸呀！为了不让自恋受损，我还是不要再继续前进！"这下不要说去尝试新东西了，连复制上一次的成功都不敢了。

      博雅是位博士，但她一直很自卑。一路求学，她总是被"低分录取"，不禁觉得自己学术能力不行，是个"学术骗子"。谁知道博士期间，她的研究竟然"阴差阳错"地产生了

"重大发现"。导师因此对她的态度完全变了，从"爱搭不理"到"关怀备至"。虽然导师的行为让她有些厌恶，但不可否认的是也让她很是受用。这么多年在实验室只能"打杂"的她，一下子有了供她开展下一项研究的实验室资源和研究生助手，这怎么能不让自尊心极强却一直备受打击的她喜不自胜呢？可是，对于下一项实验，博雅的内心充满了恐惧。"如果接下来的实验没有取得成果，导师对我的态度会重回冷漠吗？我是不是要灰头土脸地从实验室搬出去，被那些还在和别人共用实验室的学哥学姐们背地里嘲笑呢？我的研究生助手到时候会不会对别人说：'她还真把自己当老板了，让我干这干那的，却什么成果都没有做出来。'"

越是这样想，博雅的压力就越大，拖延现象也就变得越严重。实验计划一直无法落地，实验的开展一拖再拖。导师催促了她很多次，已经变得有些不耐烦，博雅的压力再次增加。最近，她变得有些疑神疑鬼，总觉得别人在背后议论她，说她根本就没有主导重要实验项目的能力，上次只是"瞎猫碰上了死耗子"。

就因为一次成功，让她连继续做实验的勇气都没有了。你说这个成功是不是真的需要翻篇了？

这里其实涉及一个价值观的问题：到底什么是"成功"。有的人说成功就是有钱，有的人说成功就是拥有幸福的家庭，还有的人说成功就是拥有价值感获得他人的尊重。然而，无论我们将"成功"定义为拥有什么，都会让"成功"这件事无法翻篇。毕竟我们将"成功"和"拥有"直接联系在了一起，而"拥有"又和"失去"相互依存。博雅成功了，拥有了别人的尊重、自己的实验室，可是只要拥有就意味着失去的可能，这种可能令人心生恐惧，止步不前。

这种心态其实每个人都有，"我的这本书大受欢迎，下一本还能维持住这次的辉煌吗？要不要就此停笔，让我的写作事业永远停留在巅峰？""这次我获得了'最佳球员'的称号，下一次还能属于我吗？我怕失败，甚至不愿意上场。"

然而，"成功"真的是拥有什么吗？我们可不可以将"成功"定义为不断行动的勇气呢？疗愈师施图茨说，人作为宇宙中的一个存在，最高的成就应该是与宇宙同频，宇宙是不断运动的宇宙，所以成功的人生也应该是不断行动、而非因为拥有了某些东西而停止运动的人生。我不能说他的定义就是"对的"，但是无疑，这是一种可以让成功翻篇的心态，一种让人不受"拥有"所困的价值观。而只要我们在不断行动，就永远不用担心成功是否会再次到来。因为这次不是我们留住了成功，而是成功总是愿意一次次回来与我们相遇。

成功是一个概率问题，重要的是"到场"

无法翻篇的成功不仅会让人不断重复固有模式，因为压力和恐惧而止步不前，还会让人产生自我怀疑。

记得我们前面提到的歌手大伟吗？"为什么我的第二张专辑没有再创第一张专辑的辉煌？是不是我江郎才尽了？是不是上次只是幸运，这一次才是我的真实水平？"

过去没成功过还好，一旦成功过，我们倒有了自我谴责、自我怀疑的来源。这个时候又要用一种什么样的心态让成功翻篇呢？毕竟，谁都无法接受自己的"无能"，尤其是一个体验过证明自己是什么滋味的人。

有个导演说："80% 的成功在于到场。"换句话说，成功是一个概率问题，不是你有能力就能一鸣惊人地拍一部举世闻名的电影，而是你不断坚持一辈子拍上一百部电影，总有那么几部是成功的。

我平时也通过自媒体做一些心理学公益视频，对此感受颇深。有的时候一条视频"爆火"，我难免会有点沾沾自喜，觉得自己还真有点能力。可是下一条视频明明内容、角度都更好，却播放量平平。起初，我也颇为此苦恼，是我的内容输出质量下降了？还是问题分析得不够深入？后来我发现，千万不要为此内耗，坚持每天发布就行了，我也不知道哪条视频会"火"，甚至同一条视频今天发和明天发效果都大不相同。但是只要我每天坚持"到场"，就会出现一条又一条"爆款视频"。

所以，成功的时候，我们不必太高兴，因为这不全是我们的能力带来的，而是概率问题，就让它翻篇吧。下一次不如意，也不全是我们的能力问题，还有概率问题，也让它翻篇吧。我们能做的就是不断"到场"，毕竟我们提高不了概率，却可以提高基数！

写到这里，我们的这一节就要结束了。需要翻篇的不只是苦难，还有成功！换句话说，需要让它过去的不仅是痛苦，还有快乐。没有人能永远幸福与快乐、成功与辉煌，如果我们认为事情应该是这样，就是在否定现实，带着一种不接纳的态度在生活。

一切都会过去，快乐与成功也不例外，抓着它不放，只会给自己的生活制造问题。对此我们可能会觉得有些遗憾，其实大可不必，因为"一切都在变，什么也留不住"的事实再次告诉我们，无论什么事情，总会翻篇。不论我们在经受着怎么样的痛苦、面对着怎样看起来无解的事，一切都会好起来，成为"无法留住"的过去。